Springer-Lehrbuch

Wolfgang Nolting

Grundkurs Theoretische Physik 4/1

Spezielle Relativitätstheorie

9. Auflage

Springer Spektrum

Wolfgang Nolting
Berlin, Deutschland

ISSN 0937-7433
Springer-Lehrbuch
ISBN 978-3-662-49030-3 ISBN 978-3-662-49031-0 (eBook)
DOI 10.1007/978-3-662-49031-0

Die Deutsche Nationalbibliothek verzeichnet diese Publikation in der Deutschen Nationalbibliografie; detaillierte bibliografische Daten sind im Internet über http://dnb.d-nb.de abrufbar.

Springer Spektrum

Planung: Margit Maly

Gedruckt auf säurefreiem und chlorfrei gebleichtem Papier.

Springer-Verlag GmbH Berlin Heidelberg ist Teil der Fachverlagsgruppe Springer Science+Business Media
(www.springer.com)

Allgemeines Vorwort

Die acht Bände der Reihe „*Grundkurs Theoretische Physik*" sind als direkte Begleiter zum Hochschulstudium Physik gedacht. Sie sollen in kompakter Form das wichtigste theoretisch-physikalische Rüstzeug vermitteln, auf dem aufgebaut werden kann, um anspruchsvollere Themen und Probleme im fortgeschrittenen Studium und in der physikalischen Forschung bewältigen zu können.

Die Konzeption ist so angelegt, dass der erste Teil des Kurses,

- *Klassische Mechanik* (Band 1)
- *Analytische Mechanik* (Band 2)
- *Elektrodynamik* (Band 3)
- *Spezielle Relativitätstheorie* (Band 4/1),
- *Thermodynamik* (Band 4/2),

als Theorieteil eines „*Integrierten Kurses*" aus Experimentalphysik und Theoretischer Physik, wie er inzwischen an zahlreichen deutschen Universitäten vom ersten Semester an angeboten wird, zu verstehen ist. Die Darstellung ist deshalb bewusst ausführlich, manchmal sicher auf Kosten einer gewissen Eleganz, und in sich abgeschlossen gehalten, sodass der Kurs auch zum Selbststudium ohne Sekundärliteratur geeignet ist. Es wird nichts vorausgesetzt, was nicht an früherer Stelle der Reihe behandelt worden ist. Dies gilt inbesondere auch für die benötigte Mathematik, die vollständig so weit entwickelt wird, dass mit ihr theoretisch-physikalische Probleme bereits vom Studienbeginn an gelöst werden können. Dabei werden die mathematischen Einschübe immer dann eingefügt, wenn sie für das weitere Vorgehen im Programm der Theoretischen Physik unverzichtbar werden. Es versteht sich von selbst, dass in einem solchen Konzept nicht alle mathematischen Theorien mit absoluter Strenge bewiesen und abgeleitet werden können. Da muss bisweilen ein Verweis auf entsprechende mathematische Vorlesungen und vertiefende Lehrbuchliteratur erlaubt sein. Ich habe mich aber trotzdem um eine halbwegs abgerundete Darstellung bemüht, sodass die mathematischen Techniken nicht nur angewendet werden können, sondern dem Leser zumindest auch plausibel erscheinen.

Die mathematischen Einschübe werden natürlich vor allem in den ersten Bänden der Reihe notwendig, die den Stoff bis zum Physik-Vordiplom beinhalten. Im zweiten Teil des Kurses, der sich mit den modernen Disziplinen der Theoretischen Physik befasst,

- *Quantenmechanik: Grundlagen* (Band 5/1)
- *Quantenmechanik: Methoden und Anwendungen* (Band 5/2)
- *Statistische Physik* (Band 6)
- *Viel-Teilchen-Theorie* (Band 7),

sind sie weitgehend überflüssig geworden, insbesondere auch deswegen, weil im Physik-Studium inzwischen die Mathematik-Ausbildung Anschluss gefunden hat. Der frühe Beginn der Theorie-Ausbildung bereits im ersten Semester gestattet es, die *Grundlagen der Quantenmechanik* schon vor dem Vordiplom zu behandeln. Der Stoff der letzten drei Bände kann natürlich nicht mehr Bestandteil eines *„Integrierten Kurses"* sein, sondern wird wohl überall in reinen Theorie-Vorlesungen vermittelt. Das gilt insbesondere für die *„Viel-Teilchen-Theorie"*, die bisweilen auch unter anderen Bezeichnungen wie *„Höhere Quantenmechanik"* etwa im achten Fachsemester angeboten wird. Hier werden neue, über den Stoff des Grundstudiums hinausgehende Methoden und Konzepte diskutiert, die insbesondere für korrelierte Systeme aus vielen Teilchen entwickelt wurden und für den erfolgreichen Übergang zu wissenschaftlichem Arbeiten (Diplom, Promotion) und für das Lesen von Forschungsliteratur inzwischen unentbehrlich geworden sind.

In allen Bänden der Reihe *„Grundkurs Theoretische Physik"* sollen zahlreiche Übungsaufgaben dazu dienen, den erlernten Stoff durch konkrete Anwendungen zu vertiefen und richtig einzusetzen. Eigenständige Versuche, abstrakte Konzepte der Theoretischen Physik zur Lösung realer Probleme aufzubereiten, sind absolut unverzichtbar für den Lernenden. Ausführliche Lösungsanleitungen helfen bei größeren Schwierigkeiten und testen eigene Versuche, sollten aber nicht dazu verleiten, *„aus Bequemlichkeit"* eigene Anstrengungen zu unterlassen. Nach jedem größeren Kapitel sind Kontrollfragen angefügt, die dem Selbsttest dienen und für Prüfungsvorbereitungen nützlich sein können.

Ich möchte nicht vergessen, an dieser Stelle allen denen zu danken, die in irgendeiner Weise zum Gelingen dieser Buchreihe beigetragen haben. Die einzelnen Bände sind letztlich auf der Grundlage von Vorlesungen entstanden, die ich an den Universitäten in Münster, Würzburg, Osnabrück, Valladolid (Spanien), Warangal (Indien) sowie in Berlin gehalten habe. Das Interesse und die konstruktive Kritik der Studenten bedeuteten für mich entscheidende Motivation, die Mühe der Erstellung eines doch recht umfangreichen Manuskripts als sinnvoll anzusehen. In der Folgezeit habe ich von zahlreichen Kollegen wertvolle Verbesserungsvorschläge erhalten, die dazu geführt haben, das Konzept und die Ausführung der Reihe weiter auszubauen und aufzuwerten.

Die ersten Auflagen dieser Buchreihe sind im Verlag Zimmermann-Neufang entstanden. Ich kann mich an eine sehr faire und stets erfreuliche Zusammenarbeit erinnern. Danach erschien die Reihe bei Vieweg. Die Übernahme der Reihe durch den Springer-Verlag im Januar 2001 hat dann zu weiteren professionellen Verbesserungen im Erscheinungsbild des „*Grundkurs Theoretische Physik*" geführt. Den Herren Dr. Kölsch und Dr. Schneider und ihren Teams bin ich für viele Vorschläge und Anregungen sehr dankbar. Meine Manuskripte scheinen in guten Händen zu liegen.

Berlin, im April 2001 *Wolfgang Nolting*

Vorwort zu Band 4/1

Das Anliegen der Reihe „*Grundkurs Theoretische Physik*“ wurde bereits in den Vorworten zu den ersten drei Bänden definiert und gilt natürlich unverändert auch für den vorliegenden Band 4/1, der die *Spezielle Relativitätstheorie* zum Thema hat. Der Grundkurs ist als unmittelbarer Begleiter der Bachelor/Master-Studiengänge in Physik gedacht und richtet sich nach Auswahl und Reihenfolge der Themen nach den Anforderungen der meisten mir bekannten Studienordnungen. Gedacht ist dabei an einen Studiengang, der bereits im ersten Semester mit der Theoretischen Physik beginnt. Deshalb musste in den ersten drei Bänden dem für den Aufbau der Theoretischen Physik unverzichtbaren, elementaren mathematischen Rüstzeug ein relativ breiter Raum zugestanden werden. Die mathematischen Einschübe werden in den nun folgenden Bänden allerdings immer weniger häufig.

In früheren Auflagen war die *Spezielle Relativitätstheorie* in einem gemeinsamen Band 4 mit der *Thermodynamik* zusammengefasst. Das erfolgte nicht etwa aufgrund einer engen thematischen Beziehung zwischen diesen beiden Disziplinen, sondern wegen der erklärten Zielsetzung des Grundkurses, ein direkter Begleiter des Physik-Studiums sein zu wollen. Die *Spezielle Relativitätstheorie* zählt zu den klassischen Theorien und wird als solche zeckmäßig im Anschluss an die *Klassische Mechanik* und *Elektrodynamik* besprochen. Deswegen gehört sie mit ihrem relativistischen Ausbau der Mechanik (Bände 1 und 2) und vor allem der Elektrodynamik (Band 3) genau an diese Stelle (Band 4). Die *Thermodynamik* wäre thematisch natürlich besser bei der *Statistischen Mechanik* aufgehoben, die ihrerseits jedoch als *moderne, nicht-klassische Theorie (Quantenstatistik)* erst zu einem späteren Zeitpunkt des Studiums angeboten werden kann, nämlich nachdem die *Quantenmechanik* (Bände 5/1 und 5/2) behandelt wurde. Die klassische, phänomenologische *Thermodynamik* bezieht ihre Begriffsbildung direkt aus dem Experiment, benötigt deshalb im Gegensatz zur *Quantenstatistik* noch keine quantenmechanischen Elemente. Sie ist in der Regel ein Modul des Physik-Bachelor-Programms und muss deshalb in den ersten (klassischen) Teil des Grundkurses eingebaut werden. Das kann allerdings sowohl vor als auch nach der *Elektrodynamik* erfolgen. Die Position der *Thermodynamik* ist in einem solchen Grundkurs anders als die der *Speziellen Relativitätstheorie* also nicht eindeutig. Das spiegelt sich in der Tat auch in den Bachelor-Studienprogrammen der verschiedenen Universitäten wider. Um dieses anzudeuten und natürlich auch wegen des fehlenden thematischen Überlapps, werden in der vorliegenden Neuauflage *Spezielle Relativitätstheorie* (Band 4/1) und *Thermodynamik* (Band 4/2) in zwei eigenständigen Bänden dargestellt. Während Band 4/1 die Kenntnis der Bände 1, 2, 3 voraussetzt, kann die Beschäftigung mit der *Thermodynamik* in Band 4/2 auch vorgezogen werden

Die *Spezielle Relativitätstheorie* des voliegenden Bandes 4/1 befasst sich mit der Abhängigkeit physikalischer Aussagen vom Bezugssystem des Beobachters. Wichtig sind dabei die Inertialsysteme, in denen das Newton'sche Trägheitgesetz ohne Mitwirkung von Scheinkräften Gültigkeit hat. Nach dem *Einstein'schen Äquivalenzpostulat* sind Inertialsysteme grundsätzlich physikalisch gleichberechtigt. Sie werden jedoch nicht durch die *Galilei-Transformation* der nicht-relativistischen Mechanik, sondern durch *Lorentz-Transformationen* ineinander überführt. Deren wichtigste Konsequenz besteht in einer Verknüpfung von Raum- und Zeitkoordinaten, aus der sich eine Reihe von zum Teil recht spektakulären Phänomenen ableiten lässt, die auf einen ersten oberflächlichen Blick sogar dem gesunden Menschenverstand zu widersprechen scheinen. Begriffe wie *Raum, Zeit* und *Gleichzeitigkeit* müssen neu überdacht werden. Aus dem zweiten Einstein'schen Postulat, dass die Lichtgeschwindigkeit im Vakuum zu allen Zeiten und an allen Orten konstant und zudem vom Bewegungszustand der Quelle unabhängig ist, lässt sich die spezielle Form der Lorentz-Transformationsmatrix ableiten. Das Hauptanliegen der *Speziellen Relativitätstheorie* besteht darin, die physikalischen Gesetze und Schlussfolgerungen der Mechanik und Elektrodynamik auf ihre Kompatibilität gegenüber Lorentz-Transformationen zwischen Inertialsystemen zu überprüfen. Abweichungen der relativistisch korrekten Mechanik von der „vertrauten" Newton-Mechanik werden vor allem dann deutlich, wenn die Relativgeschwindigkeiten physikalischer Systeme mit der Lichtgeschwindigkeit vergleichbar werden. Die *Spezielle Relativitätstheorie* führt somit zu einer *übergeordneten* Klassischen Mechanik, die die nicht-relativistische Formulierung als Grenzfall kleiner Relativgeschwindigkeiten enthält.

Das vorliegende Buch ist aus Manuskripten zu Vorlesungen entstanden, die ich an den Universitäten in Würzburg, Münster, Warangal (Indien), Valladolid (Spanien) und Berlin gehalten habe. Die konstruktive Kritik der Studenten, meiner Übungsleiter und einiger Kollegen, mit Druckfehlerhinweisen und interessanten Verbesserungsvorschlägen für den Text- und den Aufgabenteil, war dabei wichtig und hat mir sehr geholfen. Gegenüber der Erstauflage, damals erschienen beim Verlag Zimmermann-Neufang, sind im Zuge der diversen Neuauflagen beim Springer-Verlag einige gravierende Änderungen in der Darstellung der *Speziellen Relativitätstheorie* vorgenommen und eine Reihe zusätzlicher Übungsaufgaben aufgenommen worden. Die Zusammenarbeit mit dem Springer-Verlag hat zu deutlichen Verbesserungen im Erscheinungsbild des Buches geführt. Für das bisher vermittelte Verständnis des Verlags im Hinblick auf das Konzept der Buchreihe und die faire und deshalb erfreuliche Zusammenarbeit, zuletzt insbesondere mit Frau Margit Maly, bin ich sehr dankbar.

Berlin, im Juli 2015 Wolfgang Nolting

Inhaltsverzeichnis

Physikalische Grundlagen

1

Kapitel 1

W. Nolting, *Grundkurs Theoretische Physik 4/1*, Springer-Lehrbuch,
DOI 10.1007/978-3-662-49031-0_1

Wir beginnen mit einer Definition. Welche Vorstellung verbindet man mit dem Begriff

- Relativitätstheorie?

Es geht dabei um die Lehre von der Abhängigkeit bzw. von der Invarianz physikalischer Aussagen vom Bezugssystem des Beobachters. Insbesondere handelt die

- Spezielle Relativitätstheorie

von der Gleichberechtigung aller **Inertialsysteme**, wobei die Übergänge zwischen den verschiedenen Inertialsystemen allerdings nicht durch Galilei-, sondern durch

- Lorentz-Transformationen

bewirkt werden. Dies bedeutet, wie wir sehen werden, eine Verknüpfung von Raum- und Zeitkoordinaten. Als die entscheidenden Ausgangspunkte der Theorie werden wir zwei Postulate kennen lernen, nämlich das so genannte

- Äquivalenzpostulat

und das

- Prinzip der konstanten Lichtgeschwindigkeit.

Die wichtigsten Resultate werden zu einer

- Revision der Begriffe: Raum,
Zeit
Gleichzeitigkeit

führen, die

- Lichtgeschwindigkeit als absolute Grenzgeschwindigkeit

erklären und von der

- Äquivalenz von Energie und Masse

zeugen.

Die Lorentz-Transformation bezieht sich nur auf geradlinig gleichförmig gegeneinander bewegte Systeme, sagt aber nichts aus über relativ zueinander beschleunigte Systeme.

Die

- Allgemeine Relativitätstheorie

kann als die Theorie der grundsätzlichen Gleichberechtigung **aller** raumzeitlichen Systeme charakterisiert werden. Ausgangspunkt ist hier das Postulat der Proportionalität von schwerer und träger Masse (s. Abschn. 2.2.1 und 2.2.2, Bd. 1!). Ein sehr wichtiges Resultat entlarvt die Annahme als Vorurteil, dass das Raum-Zeit-Schema euklidisch zu wählen sei. Durch passende Festlegung der Metrik lässt sich eine übersichtlichere Darstellung des Kosmos gewinnen. Die Raumstruktur erweist sich als von der Materieverteilung abhängig. Die Grundgesetze der Mechanik ergeben sich in der Allgemeinen Relativitätstheorie aus dem Prinzip, dass ein Massenpunkt, auf den keine elektromagnetischen Kräfte wirken, im Raum-Zeit-Kontinuum einen *kürzesten* Weg beschreibt. Probleme wie die Lichtablenkung im Gravitationsfeld der Sonne oder die Rotverschiebung der Spektrallinien von Atomen in starken Gravitationsfeldern finden in der Allgemeinen Relativitätstheorie eindeutige Erklärungen. – Die mathematischen Verfahren zum Auffinden des oben erwähnten *kürzesten Weges* in einer nicht euklidischen Metrik sind in der Regel nicht ganz einfach. Die *Allgemeine Relativitätstheorie* ist allerdings auch nicht Gegenstand dieses Grundkurses. Der Leser muss auf die Spezialliteratur verwiesen werden.

Warum und wann wird die *Spezielle Relativitätstheorie* notwendig? Die experimentelle Erfahrung lehrt, dass die Postulate und Definitionen der Klassischen Mechanik in der bislang diskutierten Form ungültig werden, sobald die Relativgeschwindigkeiten v in den Bereich der Lichtgeschwindigkeit c gelangen:

$$v \lesssim c \,.$$

Dann sind *relativistische Korrekturen* unumgänglich, die für kleine v unbedeutend bleiben. In diesem Sinne stellt die Relativitätstheorie gewissermaßen die Vollendung der **klassischen** Physik dar. Aus ihr folgt eine *neue* klassische Physik, in der die *alte* als Grenzfall $v \ll c$ enthalten ist.

Obwohl die Quantenmechanik eine ähnliche Funktion als übergeordnete Theorie erfüllt, besteht kein direkter Zusammenhang zwischen Relativitätstheorie und Quantenmechanik. Es gibt Bereiche, in denen Quanteneffekte wichtig werden, relativistische Korrekturen aber vernachlässigbar sind und umgekehrt. Die *Relativistische Quantenmechanik* befasst sich mit Situationen, für die beide Korrekturen unvermeidbar sind.

1.1 Inertialsysteme

In der so genannten *Newton-Mechanik*, die im ersten Band dieses **Grundkurs: Theoretische Physik** besprochen wurde, setzen fundamentale Begriffe wie die *Bahn* $\boldsymbol{r}(t)$ oder die *Geschwindigkeit* $\boldsymbol{v} = \dot{\boldsymbol{r}}(t)$ eines Massenpunktes die Existenz von Bezugssystemen (Koordinatensystemen) sowie von Zeitmessvorrichtungen (Uhren) voraus. Zum Aufbau von Koordinatensystemen können Zimmerwände, Himmelsrichtungen oder Ähnliches dienen, während als Uhren mechanische Systeme mit Feder, Unruh und Zahnrädern oder periodische Bewegungen wie die Rotation der Erde, Molekülschwingungen usw. herangezogen werden können.

Die experimentelle Beobachtung geht nun dahin, dass nicht in allen Bezugssystemen die Newton-Mechanik gültig ist. In rotierenden Koordinatensystemen zum Beispiel wird sie erst dann wieder korrekt, wenn man zu den eingeprägten Kräften noch gewisse, durch die Rotation bedingte *Scheinkräfte* (*Trägheitskräfte, Zentrifugalkräfte*) hinzuaddiert (Abschn. 2.2.4 und 2.2.5, Bd. 1). Das führt zu der Vorstellung, die man als

▸ Newton'sche Fiktion

bezeichnet. Sie lässt sich in zwei Punkten zusammenfassen:

1. Es gibt den **absoluten Raum** (*Weltäther*). Dieser ist unveränderlich und unbeweglich und setzt den Bewegungen materieller Körper keinen Widerstand entgegen. Die Bewegung des *relativen Raums* (Teilraums) gegenüber dem absoluten kann dazu führen, dass die Grundgesetze der Mechanik nicht mehr gelten. Nur im absoluten Raum ruhende oder gegen diesen geradlinig gleichförmig bewegte relative Räume lassen die Grundgesetze invariant.
2. Es gibt eine **absolute Zeit**, d. h. eine irgendwo im Weltäther existierende Normaluhr.

Beide Postulate erweisen sich schlussendlich als unhaltbar. Punkt 1. lässt sich zunächst dahingehend verallgemeinern, dass wir nicht den *absoluten Raum* postulieren, sondern von der unbestreitbaren Tatsache ausgehen, dass es tatsächlich Systeme gibt, in denen die Newton-Mechanik gültig ist. Für diese wiederholen wir einige Überlegungen aus Abschn. 2.2.3, Bd. 1, um uns noch einmal detailliert klarzumachen, welche Voraussetzungen benutzt wurden.

Definition 1.1.1

Wir bezeichnen als **Inertialsystem** ein Bezugssystem, in dem das Newton'sche Trägheitsgesetz

$$\boldsymbol{F} = m\ddot{\boldsymbol{r}}$$

ohne Mitwirkung künstlich eingeführter Scheinkräfte gilt.

Ein System, das relativ zu einem Inertialsystem rotiert, kann deshalb **kein** Inertialsystem sein. Wir haben in den Abschn. 2.2.4 und 2.2.5, Bd. 1 gelernt, dass dann zur Kraftgleichung Terme addiert werden müssen, die die Drehung beschreiben (Zentrifugal-, Coriolis-Kräfte).

Satz 1.1.1

Σ sei ein Inertialsystem; das System Σ' bewege sich relativ zu Σ geradlinig gleichförmig und möge zur Zeit $t = 0$ mit Σ zusammenfallen. Dann ist Σ' ebenfalls ein Inertialsystem.

Beweis

$\boldsymbol{r}$ sei der Ortsvektor für den Punkt P in Σ, $\boldsymbol{r}'$ der für P in Σ'. Σ' bewegt sich relativ zu Σ mit der konstanten Geschwindigkeit $\boldsymbol{v}$. Dann gilt offenbar:

$$\boldsymbol{r} = \boldsymbol{r}' + \boldsymbol{v}t \Rightarrow \dot{\boldsymbol{r}} = \dot{\boldsymbol{r}}' + \boldsymbol{v} \Rightarrow \ddot{\boldsymbol{r}} = \ddot{\boldsymbol{r}}' .$$

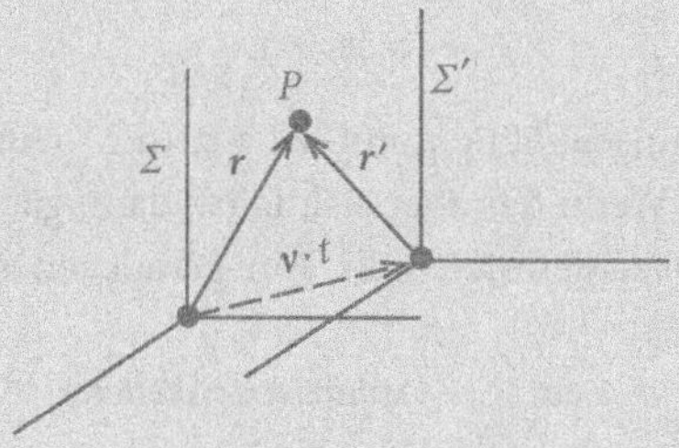

Abb. 1.1 Zwei zueinander geradlinig gleichförmig bewegte Inertialsysteme. Demonstration der Galilei-Transformation

Es ist also:

$$\boldsymbol{F} = m\ddot{\boldsymbol{r}} = m\ddot{\boldsymbol{r}}' = \boldsymbol{F}' \quad \text{q. e. d.}$$

Dieser Beweis benutzt als wichtige Voraussetzung, dass das Zeitmaß in beiden Systemen gleich ist. Wir haben nämlich wie selbstverständlich beim Differenzieren $t = t'$ angenommen. Diese Voraussetzung wird zu überprüfen sein.

Wir können ohne Einschränkung der Allgemeinheit annehmen, dass die konstante Relativgeschwindigkeit $\boldsymbol{v}$ parallel zur z-Achse liegt. Dann geschieht der Übergang $\Sigma \longleftrightarrow \Sigma'$ durch eine

Galilei-Transformation

$$x = x' , \quad y = y' , \quad z = z' + vt , \quad t = t' . \tag{1.1}$$

Die letzte Beziehung wird in der Regel weggelassen, da sie selbstverständlich zu sein scheint. Bei Gültigkeit der Galilei-Transformation können wir also durch mechanische Versuche eine geradlinig gleichförmige Bewegung (z. B. in grober Näherung die Bahn der Erde) relativ zum *Weltäther* nicht nachweisen. Vielleicht gelingt dieses jedoch mit optischen Experimenten, wenn man z. B. die Lichtgeschwindigkeit in verschiedenen Inertialsystemen untersucht:

Eine Lichtquelle im Ursprung von Σ sendet sphärische Wellen aus, die sich mit der Lichtgeschwindigkeit c fortpflanzen. Für den Ortsvektor $\boldsymbol{r}$ eines bestimmten Punktes auf der Wellenfront gilt somit in Σ:

$$\dot{\boldsymbol{r}} = c\boldsymbol{e}_r \; ; \quad \boldsymbol{e}_r = \frac{\boldsymbol{r}}{r} \; .$$

Für die von Σ' aus gesehene Wellengeschwindigkeit sollte dann bei Gültigkeit der Galilei-Transformation aber

$$\dot{\boldsymbol{r}}' = c\boldsymbol{e}_r - \boldsymbol{v}$$

gelten. Sie wäre damit richtungsabhängig mit $|\dot{\boldsymbol{r}}'| \neq c$. In Σ' würde es sich dann nicht um sphärische Wellen handeln! Wenn das aber richtig ist, dann gäbe es tatsächlich eine Möglichkeit, den *absoluten Raum* zu definieren. Es wäre gerade jenes Bezugssystem Σ_0, in dem

$$\dot{\boldsymbol{r}} = c\boldsymbol{e}_r \qquad (\textit{sphärische Wellen})$$

beobachtet würde. Alle anderen Inertialsysteme zeigen die obige Richtungsabhängigkeit der Lichtwellengeschwindigkeit.

Dies lässt sich aber relativ einfach experimentell überprüfen!

1.2 Michelson-Morley-Experiment

A. A. Michelson (Nobelpreis 1907) entwarf eine Versuchsanordnung, die mit extremer Genauigkeit die soeben diskutierte Richtungsabhängigkeit der Lichtwellengeschwindigkeit, wenn sie denn überhaupt existiert, messen können sollte. Das Prinzip ist in der Abb. 1.2 dargestellt.

Ausgehend von einer Lichtquelle L fällt ein Lichtstrahl auf einen Spiegel S_0, der auf der Vorderseite mit einer Metallschicht überzogen und damit halbdurchlässig ist. Ein Teilstrahl wird an S_0 reflektiert, fällt dann auf den Spiegel S_2, wird dort wiederum reflektiert, durchsetzt S_0 und gelangt in das Beobachtungsgerät B (Teleskop). – Der andere Teilstrahl

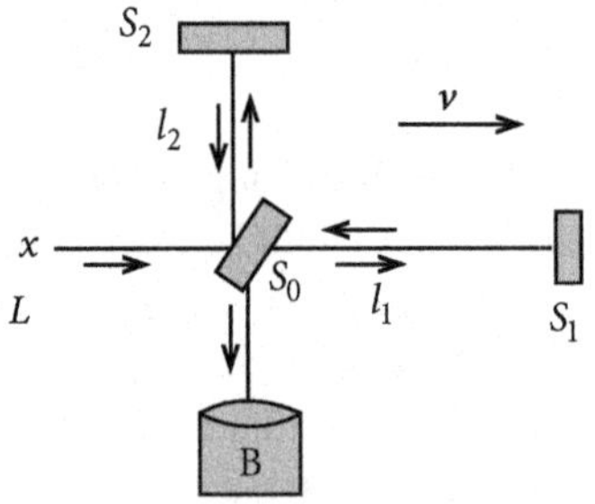

Abb. 1.2 Schematischer Aufbau des Michelson-Morley-Experiments

durchsetzt S_0, fällt auf den Spiegel S_1, wird dort und anschließend an S_0 reflektiert, um am Beobachtungsort B mit dem ersten Teilstrahl zu interferieren. – In den Strahlengang $S_0 \rightleftarrows S_2$ wird in der Regel noch eine Kompensationsplatte eingesetzt, damit dieser Teilstrahl insgesamt dieselbe Glasdicke zu durchlaufen hat wie der andere. Benutzt man monochromatisches Licht, so beobachtet man in B konstruktive Interferenz der beiden Teilstrahlen, wenn die jeweiligen optischen Weglängen sich um ein ganzzahliges Vielfaches der Wellenlänge λ unterscheiden:

$$\delta = (L_{02} + L_{20}) - (L_{01} + L_{10}) \stackrel{!}{=} m\,\lambda\,; \qquad m \in \mathbb{Z}\,.$$

L_{ij} sind die optischen Weglängen der einzelnen Teilstücke:

$$L_{ij} = \int\limits_{t_{S_i}}^{t_{S_j}} c\,\mathrm{d}t = c\left(t_{S_j} - t_{S_i}\right); \qquad i,j = 0,1,2\,.$$

Die Laufzeiten

$$\Delta_{ji} = t_{S_j} - t_{S_i}$$

sind ganz offensichtlich von der Äthergeschwindigkeit abhängig, wenn es den absoluten Raum tatsächlich gibt und das Licht dort die richtungsunabhängige Geschwindigkeit c besitzt. Betrachten wir nun einmal im Einzelnen die **Laufzeiten** der beiden Teilstrahlen:

1. $S_0 \to S_1$: Auf diesem Weg haben wir die Erdgeschwindigkeit $\boldsymbol{v}$ zu berücksichtigen. Die Gültigkeit der Galilei-Transformation voraussetzend können wir von der Additivität der Geschwindigkeiten ausgehen. Die Lichtgeschwindigkeit relativ zur Apparatur ist deshalb $c - v$. Wir erhalten als Laufzeit Δ_{10} für den Weg $S_0 \to S_1$:

$$\Delta_{10} = \frac{l_1}{c - v}\,.$$

$S_1 \to S_0$: Auf dem Rückweg beträgt die Relativgeschwindigkeit des Lichtes dann $c + v$. Das Licht läuft nun gegen den *Ätherwind*. Das ergibt als Laufzeit:

$$\Delta_{01} = \frac{l_1}{c + v}\,.$$

Die gesamte Laufzeit des ersten Teilstrahls auf dem Weg $S_0 \to S_1 \to S_0$ beträgt somit:

$$\Delta_1 = \frac{l_1}{c - v} + \frac{l_1}{c + v} = 2\frac{l_1}{c}\frac{1}{1 - v^2/c^2}\,. \tag{1.2}$$

2. Die Laufzeiten für Hin-und Rückweg sind natürlich gleich, $\Delta_{20} = \Delta_{02}$. Wir müssen nun aber die Mitbewegung des Spiegels S_0 beachten (Abb. 1.3). Die Lichtgeschwindigkeit ist c, da sich der Strahl jeweils senkrecht zum Ätherwind bewegt. Für die Laufstrecke gilt dann:

$$\overline{xy} = c\,\Delta_{20} = \sqrt{l_2^2 + v^2\Delta_{20}^2} = \overline{yz}\,.$$

Abb. 1.3 Berechnung der Laufzeit des Lichtes im Michelson-Morley-Experiment

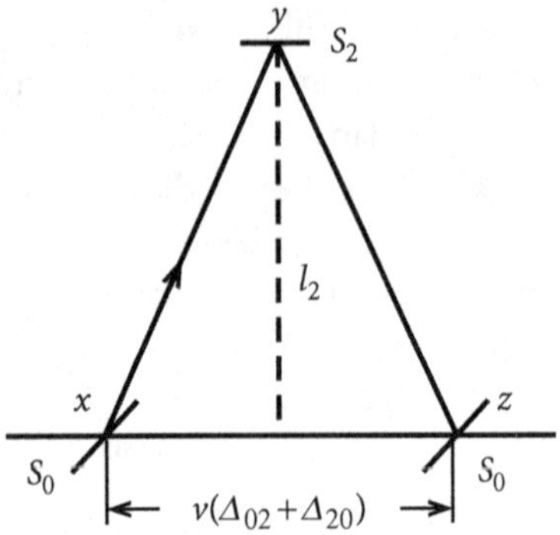

Dies ergibt für die Laufzeit Δ_2 des zweiten Teilstrahls:

$$\Delta_2 = \Delta_{20} + \Delta_{02} = \frac{2l_2}{c}\frac{1}{\sqrt{1-v^2/c^2}} . \tag{1.3}$$

Die beiden Teilstrahlen besitzen somit die folgende Differenz in den optischen Weglängen:

$$\delta = c(\Delta_2 - \Delta_1) = 2\left(\frac{l_2}{\sqrt{1-v^2/c^2}} - \frac{l_1}{1-v^2/c^2}\right) \stackrel{!}{=} m\lambda . \tag{1.4}$$

Nun wird die Apparatur um 90° gedreht, sodass sich die Lichtwege l_1 und l_2 relativ zum Äther gerade vertauschen. Es ergibt sich nun eine andere Weglängendifferenz:

$$\delta' = c\,(\Delta_2' - \Delta_1') = 2\left(\frac{l_2}{1-v^2/c^2} - \frac{l_1}{\sqrt{1-v^2/c^2}}\right) \stackrel{!}{=} m'\lambda . \tag{1.5}$$

Interessant ist der Unterschied in den Weglängendifferenzen:

$$\begin{aligned} S = \delta' - \delta &= 2\,(l_1 + l_2)\left(\frac{1}{1-v^2/c^2} - \frac{1}{\sqrt{1-v^2/c^2}}\right) \\ &= 2\,(l_1 + l_2)\left(1 + \frac{v^2}{c^2} + \ldots - 1 - \frac{1}{2}\frac{v^2}{c^2} + \ldots\right) . \end{aligned}$$

Dies bedeutet:

$$S \underset{v^2 \ll c^2}{\longrightarrow} (l_1 + l_2)\frac{v^2}{c^2} . \tag{1.6}$$

S bewirkt eine Verschiebung des Interferenzmusters um r Interferenzstreifen, wobei sich r aus

$$r = \frac{S}{\lambda} = \frac{(l_1 + l_2)\,v^2}{\lambda\,c^2} \tag{1.7}$$

berechnet. Bei Drehung der Apparatur um $\pi/2$ in dem beschriebenen Sinne sollte also eine S entsprechende Verschiebung der Interferenzstreifen auftreten. Dies wollen wir einmal über konkrete Zahlenwerte abschätzen:

Nach dem Konzept des Experiments ist natürlich nicht ganz eindeutig, was man für die *Ätherwindgeschwindigkeit* v einzusetzen hat. Es liegt jedoch nahe, die Bahngeschwindigkeit der Erde

$$v = 3 \cdot 10^4 \,\frac{\mathrm{m}}{\mathrm{s}}$$

als ein gutes Maß für die Bewegung relativ zum Äther anzusehen. Nehmen wir noch die Wellenlänge des Lichts zu $\lambda = 5000\,\text{Å} = 5 \cdot 10^{-7}\,\mathrm{m}$ an, so erreicht man $S = \lambda$, also eine Verschiebung des Interferenzmusters um eine volle Streifenbreite, falls

$$1 = (l_1 + l_2)\,\frac{9 \cdot 10^8}{9 \cdot 10^{16} \cdot 5 \cdot 10^{-7}\,\mathrm{m}} \Leftrightarrow (l_1 + l_2) = 50\,\mathrm{m}$$

ist. Michelson stand in seinem ersten Versuch eine Strecke von

$$l_1 = l_2 = 1{,}2\,\mathrm{m}$$

zur Verfügung. Dies entspricht einer Verschiebung von etwa 0,05 Interferenzstreifen und wäre durchaus messbar gewesen. In der späteren, zusammen mit Morley aufgebauten Versuchsanordnung wurde durch Vielfach-Reflexionen die optische Weglänge noch um einen Faktor 10 erhöht.

Resultat:

Es wird **keine** Interferenzverschiebung beobachtet! Die Lichtgeschwindigkeit ist offensichtlich in allen Richtungen gleich und unabhängig von den relativen, gleichförmig geradlinigen Bewegungen des Beobachters, des übertragenden Mediums und der Lichtquelle.

Fazit:

Die Galilei-Transformation kann nicht richtig sein! Sie muss durch eine Transformation ersetzt werden, die konstante Lichtgeschwindigkeit in **allen** Inertialsystemen gewährleistet.

Man beachte: Es wird nicht die physikalische Äquivalenz von Inertialsystemen bezweifelt, sondern lediglich die Art der Transformation zwischen solchen Systemen.

1.3 Einsteins Postulate

Einsteins Deutung des nicht erwarteten Ausgangs des Michelson-Morley-Experiments war ebenso einfach wie genial. Das Interpretationsproblem des Experiments ist letztlich eine Konsequenz der Gewöhnung an eigentlich plausibel erscheinende Annahmen von allerdings nicht streng bewiesenen Tatsachen. So erweist sich die Annahme einer

- absoluten Zeit,

die für die Gültigkeit der Galilei-Transformation unerlässlich ist, als ebenso unhaltbar wie die Annahme eines

- absoluten Raums.

Wie misst man überhaupt Zeiten? Jede Zeitmessung läuft genau genommen über die Feststellung einer Gleichzeitigkeit. So werden z. B. die Zeigerstellung einer Uhr und das Eintreffen eines Zuges miteinander verglichen. Problematisch könnte es werden, wenn man die zeitlichen Beziehungen zwischen zwei Ereignissen zu messen hat, die an verschiedenen Orten stattfinden. In der Mechanik versuchen wir die Bewegung eines Körpers dadurch zu beschreiben, dass wir seine Ortskoordinaten als Funktionen der Zeit angeben. Dazu benötigen wir eben die zeitlichen Beziehungen zwischen Ereignissen an verschiedenen Orten. Das ist sogar bei jeder Geschwindigkeitsmessung notwendig, da

$$\boldsymbol{v} = \frac{\boldsymbol{r}_a - \boldsymbol{r}_b}{t_a - t_b}$$

eine Zeitmessung t_a in $\boldsymbol{r}_a$ und eine Zeitmessung t_b am Ort $\boldsymbol{r}_b$ erfordert. Wie hängt nun aber die Gleichzeitigkeit bei $\boldsymbol{r}_a$ mit der bei $\boldsymbol{r}_b$ zusammen? Die a-Uhr und die b-Uhr müssen synchronisiert werden. Das wäre überhaupt kein Problem, wenn sich Information von a nach b mit unendlich hoher Geschwindigkeit übertragen ließe. Das geht aber nicht, da auch elektromagnetische Signale sich zwar mit hoher, letztlich aber doch endlicher Geschwindigkeit fortpflanzen. Die

- Synchronisation der Uhren

könnte aber nach dem folgenden Rezept realisiert werden. Man sendet ein Lichtsignal von a nach b und lässt dieses an einem Spiegel in b reflektieren. Die Zeit für die Wegstrecke $a \to b \to a$ ist dann mit der a-Uhr messbar. Sinn macht dieses Verfahren jedoch nur unter der ganz entscheidenden Voraussetzung, dass die Lichtgeschwindigkeit von a nach b dieselbe ist wie die von b nach a. Dann gilt nämlich

$$t_{a \to b} = \frac{1}{2} t_{a \to b \to a} = t_{b \to a} ,$$

und eine Synchronisation der a- und b-Uhren wäre ohne weiteres möglich.

Einstein hat diese Voraussetzung als Postulat in seine *neue* Physik, die

- Spezielle Relativitätstheorie

genannt wird, eingebaut. Die gesamte Theorie basiert auf zwei Postulaten:

Postulat 1.3.1 ***(Äquivalenzpostulat)***

Alle physikalischen Gesetze und Resultate aller Experimente sind in allen gleichförmig geradlinig gegeneinander bewegten Systemen gleich.

Postulat 1.3.2

Die Lichtgeschwindigkeit hat im Vakuum zu allen Zeiten und an allen Orten den konstanten Wert c und ist insbesondere von der Bewegung der Quelle unabhängig.

Aus Postulat 1.3.1 folgt, dass nur relative Bewegungen zweier Systeme messbar sind. Dies bedeutet eigentlich nichts Neues gegenüber der Newton-Mechanik, nur sind Inertialsysteme jetzt genauer zu definieren. Das eigentlich Neue ist Postulat 1.3.2. Heute ist es eindeutig experimentell bestätigt, nicht jedoch zu der Zeit, als Einstein es formulierte. Es bedingt, wie wir sehen werden, ein radikales Umdenken bezüglich vertrauter Begriffe wie Raum, Zeit und Gleichzeitigkeit.

Es bleiben für uns die folgenden Programmpunkte:

1. Wir suchen nach der korrekten Transformation zwischen Inertialsystemen, die die Lichtgeschwindigkeit erhält. Diese sollte für $v \ll c$ in die Galilei-Transformation übergehen.
2. Wir überprüfen die physikalischen Gesetze bezüglich ihrer Transformationseigenschaften gegenüber einer solchen korrekten Transformation.

1.4 Lorentz-Transformation

1.4.1 Transformationsmatrix

Es seien Σ und Σ' gleichförmig geradlinig gegeneinander bewegte Inertialsysteme, wobei wir z. B. Σ als *ruhend* und Σ' als *bewegt* annehmen können. Die beiden Koordinatensysteme sollen zur Zeit $t = 0$ identisch sein:

$$t = 0: \qquad \Sigma \equiv \Sigma' .$$

Zu diesem Zeitpunkt $t = 0$ sende eine Lichtquelle im Ursprung von Σ, der dann gerade mit dem von Σ' zusammenfällt, ein Signal aus. Das ergibt im *ruhenden* System Σ eine sich mit Lichtgeschwindigkeit c ausbreitende Kugelwelle:

$$c^2 t^2 = x^2 + y^2 + z^2 . \tag{1.8}$$

Nach Postulat 1.3.2 muss diese Beziehung für die Lichtausbreitung in **jedem** Inertialsystem, also auch in Σ', erfüllt sein!

$$c^2 t'^2 = x'^2 + y'^2 + z'^2 . \tag{1.9}$$

Die Forderung, dass sich das Signal in beiden Systemen als Kugelwelle fortpflanzt, ist offenbar nur bei Mittransformation der Zeit ($t \Leftrightarrow t'$) zu befriedigen. Dadurch ergibt sich eine Verknüpfung von Raum- und Zeitkoordinaten. Wie hat nun die Transformation auszusehen, die Σ in Σ' überführt?

Aus Gründen, die später klar werden, werden die kartesischen Koordinaten durch hochgestellte Indizes unterschieden:

$$\boldsymbol{r} = \left(x^1, x^2, x^3\right) = (x, y, z) .$$

Üblich ist die Einführung einer vierten (bzw. „nullten") Koordinate:

$$x^0 = ct . \tag{1.10}$$

Das Resultat des Michelson-Morley-Experiments lässt sich als

Invarianzbedingung

$$\left(x^0\right)^2 - \sum_{\mu=1}^{3} \left(x^\mu\right)^2 \stackrel{!}{=} \left(x'^0\right)^2 - \sum_{\mu=1}^{3} \left(x'^\mu\right)^2 \tag{1.11}$$

formulieren. Wir werden später (s. Abschn. 1.5) die beiden Seiten dieser Gleichung als das **Längenquadrat** eines **Vierer-Vektors** im abstrakten vierdimensionalen

▸ Minkowski-Raum (*Weltraum*)

interpretieren. Dann stellt die gesuchte Transformation, die wir schon jetzt

▸ Lorentz-Transformation

nennen wollen, offenbar eine

- **Drehung im Minkowski-Raum**

dar, wobei sich die *Länge* des gedrehten Vierer-Vektors nicht ändert. Dazu zählen natürlich auch die *normalen* Drehungen im realen dreidimensionalen Anschauungsraum zwischen Systemen, deren Ursprünge relativ zueinander in Ruhe sind. Man kann zeigen:

> Die Allgemeine Lorentz-Transformation ist gleich der Speziellen Lorentz-Transformation multipliziert mit der Raumdrehung.

Unter der

- **Speziellen Lorentz-Transformation**

versteht man die Transformation zwischen gleichförmig geradlinig gegeneinander bewegten Systemen mit parallelen Achsen. Die folgenden Betrachtungen beschränken sich auf diese speziellen Lorentz-Transformationen. Wir können dann aber auch ohne weiteres annehmen, dass die Relativgeschwindigkeit $\boldsymbol{v}$ zwischen Σ und Σ' parallel zur $x^3 = z$-Achse gerichtet ist.

Der Zusammenhang zwischen den Koordinaten in Σ und denen in Σ' muss notwendig linear sein, da sonst z. B. eine gleichförmige Bewegung in Σ keine solche in Σ' wäre, was dem Äquivalenzpostulat widerspräche. Dies führt zu dem folgenden **Ansatz:**

$$x'^{\mu} = \sum_{\lambda=0}^{3} L_{\mu\lambda} x^{\lambda} . \tag{1.12}$$

Wegen der speziellen Richtung von $\boldsymbol{v}$ werden die 1- und 2-Komponenten in beiden Systemen gleich sein:

$$x'^1 = x^1 ; \quad x'^2 = x^2 . \tag{1.13}$$

Die Komponenten x'^3, x'^0 müssen von x^1 und x^2 unabhängig sein, da kein Punkt der x^1, x^2-Ebene in irgendeiner Weise ausgezeichnet ist. Eine Verschiebung in dieser Ebene darf keine Auswirkungen haben. Damit kennen wir aber bereits die Struktur der **Transformationsmatrix $\boldsymbol{L}$**:

$$\boldsymbol{L} \equiv \begin{pmatrix} L_{00} & 0 & 0 & L_{03} \\ 0 & 1 & 0 & 0 \\ 0 & 0 & 1 & 0 \\ L_{30} & 0 & 0 & L_{33} \end{pmatrix} . \tag{1.14}$$

Wir nutzen nun die Invarianzbedingung (1.11) aus:

$$\left(x'^0\right)^2 - \left(x'^3\right)^2 \stackrel{!}{=} \left(x^0\right)^2 - \left(x^3\right)^2 \ .$$

Dies bedeutet:

$$\begin{aligned}\left(x'^0\right)^2 - \left(x'^3\right)^2 &= \left(L_{00}x^0 + L_{03}x^3\right)^2 - \left(L_{30}x^0 + L_{33}x^3\right)^2 \\ &= \left(L_{00}^2 - L_{30}^2\right)\left(x^0\right)^2 + \left(L_{03}^2 - L_{33}^2\right)\left(x^3\right)^2 \\ &\quad + 2\left(L_{00}L_{03} - L_{30}L_{33}\right)x^0x^3 \ .\end{aligned}$$

Der Koeffizientenvergleich liefert:

$$\begin{aligned}L_{00}^2 - L_{30}^2 &= 1 \ , \\ L_{33}^2 - L_{03}^2 &= 1 \ , \\ L_{00}L_{03} - L_{30}L_{33} &= 0 \ .\end{aligned}$$

Dieses Gleichungssystem wird gelöst durch den folgenden Ansatz:

$$\begin{aligned}L_{33} = L_{00} &= \cosh\chi \ , \\ L_{30} = L_{03} &= -\sinh\chi \ .\end{aligned}$$

Die Vorzeichenwillkür in der letzten Zeile wird später durch die Forderung aufgehoben, dass für $v \ll c$ die Lorentz- in die Galilei-Transformation übergehen muss! Wir haben damit als Zwischenergebnis:

$$L \equiv \begin{pmatrix} \cosh\chi & 0 & 0 & -\sinh\chi \\ 0 & 1 & 0 & 0 \\ 0 & 0 & 1 & 0 \\ -\sinh\chi & 0 & 0 & \cosh\chi \end{pmatrix} .$$

Um schließlich auch χ festzulegen, betrachten wir die Bewegung des Ursprungs von Σ'. Von Σ aus gesehen gilt für diese:

$$x^3 = v\,t = \frac{v}{c}x^0 \ .$$

Dies ergibt den folgenden Zusammenhang:

$$\begin{aligned}0 = x'^3 &= \cosh\chi\, x^3 - \sinh\chi\, x^0 = x^0\left(\frac{v}{c}\cosh\chi - \sinh\chi\right) \\ &\Rightarrow \tanh\chi = \frac{v}{c} \ .\end{aligned}$$

Mit

$$\cosh\chi = \frac{1}{\sqrt{1-\tanh^2\chi}} = \frac{1}{\sqrt{1-v^2/c^2}}$$

und

$$\sinh\chi = \cosh\chi\,\tanh\chi = \frac{v/c}{\sqrt{1-v^2/c^2}}$$

sowie den üblichen Abkürzungen,

$$\beta = \frac{v}{c}\,; \quad \gamma = \gamma(v) = \frac{1}{\sqrt{1-v^2/c^2}}\,, \tag{1.15}$$

lautet schließlich die

Matrix der Speziellen Lorentz-Transformation

$$L \equiv \begin{pmatrix} \gamma & 0 & 0 & -\beta\gamma \\ 0 & 1 & 0 & 0 \\ 0 & 0 & 1 & 0 \\ -\beta\gamma & 0 & 0 & \gamma \end{pmatrix}\,. \tag{1.16}$$

Die Determinante erfüllt

$$\det L = \gamma^2 - \beta^2\gamma^2 = 1\,. \tag{1.17}$$

L lässt sich also als Drehung interpretieren (s. Abschn. 1.6.6, Bd. 1). Allerdings sind Zeilen und Spalten der Matrix L nicht orthonormal. Wegen ihrer Bedeutung wollen wir die

▸ Gleichungen der Speziellen Lorentz-Transformation

noch einmal explizit in der ursprünglichen, kartesischen Form aufschreiben:

$$x' = x\,, \tag{1.18}$$

$$y' = y\,, \tag{1.19}$$

$$z' = \frac{z - vt}{\sqrt{1-v^2/c^2}} = \gamma\,(z - \beta c t)\,, \tag{1.20}$$

$$t' = \frac{t - (v/c^2)\,z}{\sqrt{1-v^2/c^2}} = \gamma\left(t - \frac{\beta}{c}z\right)\,. \tag{1.21}$$

Wir schließen noch einige Diskussionsbemerkungen an:

1. Für kleine Relativgeschwindigkeiten $v \ll c$ wird aus der Lorentz-Transformation (1.18) bis (1.21) die Galilei-Transformation (1.1).
2. c ist offensichtlich die maximale Relativgeschwindigkeit, da für $v > c$ die Koordinate z' nicht mehr reell wäre.
3. Die inverse Transformationsmatrix

$$L^{-1} \equiv \begin{pmatrix} \gamma & 0 & 0 & \beta\gamma \\ 0 & 1 & 0 & 0 \\ 0 & 0 & 1 & 0 \\ \beta\gamma & 0 & 0 & \gamma \end{pmatrix} \tag{1.22}$$

   ergibt sich offenbar aus (1.16) einfach durch Substitution $v \to -v$, d. h. $\beta \to -\beta$. Das ist auch nicht anders zu erwarten, da sich Σ von Σ' aus gesehen mit der Geschwindigkeit $-v$ bewegt.
4. Man bezeichnet den *Ortsvektor*

$$x^{\mu} \equiv \begin{pmatrix} x^0 \\ x^1 \\ x^2 \\ x^3 \end{pmatrix} \equiv \begin{pmatrix} ct \\ x \\ y \\ z \end{pmatrix} \tag{1.23}$$

   des Minkowski-Raumes als *Vierer-Vektor*. Jedes System von Zahlen

$$a^{\mu} \equiv \begin{pmatrix} a^0 \\ a^1 \\ a^2 \\ a^3 \end{pmatrix} \equiv \begin{pmatrix} a^0 \\ \boldsymbol{a} \end{pmatrix}, \tag{1.24}$$

   das sich bei einer Lorentz-Transformation in derselben Weise transformiert wie der Ortsvektor (1.23), wird dann ebenfalls *Vierer-Vektor* genannt. In Analogie zum Ortsvektor wird die 0-Komponente als „Zeitkomponente" bezeichnet und die $(1, 2, 3)$-Komponenten als „Raumkomponenten". Insbesondere muss gemäß (1.11) das

$$\textbf{Längenquadrat} \text{ von } a^{\mu} : \left(a^0\right)^2 - \sum_{\mu=1}^{3} \left(a^{\mu}\right)^2 = \left(a^0\right)^2 - \boldsymbol{a}^2$$

   eine **Lorentz-Invariante** sein. Diese Definition wird später durch die Einführung eines entsprechenden Skalarproduktes klar. – Wir werden in Abschn. 2.1 kontra- und kovariante Vierer-Vektoren unterscheiden und diese durch verschiedene Stellungen des Index μ kennzeichnen (a_{μ}, a^{μ}).

5. Wir treffen einige Vereinbarungen zur Schreibweise. Mit griechischen Buchstaben $\mu, \lambda, \rho, \ldots$ indizieren wir die Komponenten von Vierer-Vektoren, wobei der gesamte Vierer-Vektor durch eine typische Komponente, z. B. x^{μ}, gekennzeichnet ist. Die *normalen* Dreiervektoren werden fett dargestellt, und die lateinischen Buchstaben $k, l, m, \ldots$ bezeichnen die Komponentenindizes.
Über gleiche griechische Indizes nebeneinander stehender Größen wird summiert (*Einsteins Summenkonvention*), das Summenzeichen dabei häufig weggelassen, z. B.:
$$x'^{\mu} = \sum_{\lambda=0}^{3} L_{\mu\lambda}\, x^{\lambda} \Leftrightarrow x'^{\mu} = L_{\mu\lambda}\, x^{\lambda} \,. \tag{1.25}$$

Wir wollen nun einige Folgerungen der Lorentz-Transformation diskutieren.

1.4.2 Relativität der Gleichzeitigkeit

Die dem *gesunden Menschenverstand* wohl am meisten widerstrebende Folgerung der Lorentz-Transformation betrifft die Definition der *Gleichzeitigkeit*. Jedes Inertialsystem hat sein eigenes *Gleichzeitigkeitskriterium*. Die absolute Zeit gibt es nicht! Sie ist eine Funktion des verwendeten Bezugssystems und wird mit dem Ablesen einer Uhr definiert. Letzteres stellt kein Problem dar, wenn alle Zeitmessungen in demselben Inertialsystem durchgeführt würden. Wir könnten die Uhren, wie früher beschrieben, durch ein Lichtsignal synchronisieren. Aber wie synchronisieren wir Uhren, die sich in verschiedenen, relativ zueinander bewegten Inertialsystemen befinden? Das erweist sich als problematisch, da der Begriff der *Gleichzeitigkeit* relativ ist, d. h. unterschiedlich in relativ zueinander bewegten Inertialsystemen Σ und Σ', wie man sich leicht wie folgt klarmacht:

Σ: Durch zwei *synchronisierte* Uhren bei z_1 und z_2 sei festgestellt, dass zwei Ereignisse *gleichzeitig* an diesen Orten stattfinden:
$$t_1 = t_2 \Leftrightarrow \Delta t = 0 \,.$$

Σ': Dieselben beiden Ereignisse erscheinen von diesem Inertialsystem aus **nicht** als *gleichzeitig*:
$$t_1' = \frac{t_1 - (v/c^2)z_1}{\sqrt{1 - v^2/c^2}} \,; \quad t_2' = \frac{t_1 - (v/c^2)z_2}{\sqrt{1 - v^2/c^2}}$$
$$\Rightarrow \Delta t' = t_1' - t_2' = \gamma \frac{v}{c^2}(z_2 - z_1) \neq 0 \,. \tag{1.26}$$

Man fragt sich nun natürlich, ob vielleicht sogar die Reihenfolge zweier Ereignisse vom Bewegungszustand des Beobachters abhängen kann. Lassen sich womöglich Ursache und

Wirkung eines kausalen Zusammenhangs zweier Ereignisse miteinander vertauschen? Dazu die folgende Überlegung: In Σ sei $t_2 > t_1$, dann bleibt in Σ' die Reihenfolge der Ereignisse sicher erhalten, falls gilt:

$$0 < t_2' - t_1' = \gamma \left[t_2 - t_1 - \frac{v}{c^2} (z_2 - z_1) \right] .$$

Es muss also

$$t_2 - t_1 > \frac{v}{c} \frac{z_2 - z_1}{c}$$

sein. Wegen $v < c$ bleibt die Reihenfolge auf jeden Fall für

$$t_2 - t_1 \geq \frac{z_2 - z_1}{c}$$

bestehen. Wenn die beiden Ereignisse in Σ **kausal** miteinander verknüpft sind, so erfolgt der Informationsvorgang, der Ursache und Wirkung miteinander verbindet, mit **endlicher** Geschwindigkeit $\bar{v} \leq c$. Dies bedeutet:

$$t_2 - t_1 = \frac{z_2 - z_1}{\bar{v}} \geq \frac{z_2 - z_1}{c} .$$

Ursache und Wirkung lassen sich also **nicht** vertauschen. Die Reihenfolge von nicht kausal zusammenhängenden Ereignissen kann dagegen sehr wohl, von Σ' aus gesehen, umgekehrt sein.

1.4.3 Zeitdilatation

Im Inertialsystem Σ sende eine Uhr am Ort z zwei Lichtsignale im zeitlichen Abstand

$$\Delta t = t_1 - t_2$$

aus. Im bewegten System Σ' werden diese Lichtsignale zu den Zeiten

$$t_1' = \gamma \left(t_1 - \frac{v\,z}{c^2} \right) ; \quad t_2' = \gamma \left(t_2 - \frac{v\,z}{c^2} \right)$$

beobachtet, also im Abstand:

$$\Delta t' = t_1' - t_2' = \gamma\, \Delta t = \frac{\Delta t}{\sqrt{1 - (v^2/c^2)}} > \Delta t . \tag{1.27}$$

Das Zeitintervall Δt erscheint dem bewegten Beobachter in Σ' gedehnt. Er wird sagen: *Die stationäre Uhr geht nach!* Dasselbe wird im Übrigen auch eine Bezugsperson in Σ behaupten, die eine Uhr in Σ' beobachtet.

Dieses paradox erscheinende Phänomen wirkt etwas weniger mysteriös, wenn man sich den Messprozess genauer anschaut. In Σ (*ruhend*) werden zwei Ereignisse (z, t_1) und (z, t_2) mit **einer** Uhr bei z gemessen. In Σ' (*bewegt*) benötigt die Messung dagegen **zwei** Uhren, nämlich eine bei

$$z'_1 = \gamma (z - v t_1) \ ,$$

die andere bei

$$z'_2 = \gamma (z - v t_2) \ ,$$

d. h. im Abstand

$$z'_1 - z'_2 = \gamma v (t_2 - t_1) \neq 0 \ .$$

Die Messprozesse sind also in den beiden Inertialsystemen gar nicht äquivalent, die Ergebnisse können deshalb auch nicht paradox sein. In Σ' müssen wir die beiden, an verschiedenen Orten angebrachten Uhren synchronisieren. Diese Synchronisation führt letztlich zu dem Zeitdilatationseffekt. Die Zeitspanne, die von ein und derselben Uhr am gleichen Ort festgestellt wird, nennt man die

▸ Eigenzeit $\Delta\tau$.

Sie ist stets geringer als die Differenz der zwei Zeitablesungen im *bewegten* System Σ'.

Das Phänomen der Zeitdilatation ist heute in *fast alltäglichen* Experimenten beobachtbar. Man kann den radioaktiven Zerfall instabiler Teilchen für recht exakte Zeitmessungen ausnutzen. Das Zerfallsgesetz liefert eine genaue Vorhersage, wie viele der zur Zeit $t = 0$ vorhandenen Teilchen zur Zeit $t > 0$ noch nicht zerfallen sind. Die Zahl der noch nicht zerfallenen Teilchen ist somit ein Maß für die abgelaufene Zeit. Dieser Effekt wird zum Beispiel zur Altersbestimmung prähistorischer Funde mit Hilfe instabiler C^{14}-Isotope herangezogen. Nach B. Rossi und D. B. Hall (Phys. Rev. **59**, 223 (1941)) lässt sich die Zeitdilatation sehr eindrucksvoll experimentell wie folgt nachweisen:

1. μ-Mesonen entstehen beim Eindringen der kosmischen Strahlung in die Erdatmosphäre, sind positiv oder negativ geladen und instabil.

$$\mu^{\pm} \longrightarrow e^{\pm} + \nu_1 + \overline{\nu}_2 \ ,$$

$$\begin{aligned} e^{\pm}: &\quad \text{Elektron (Positron)} \ , \\ \nu_1: &\quad \text{Neutrino} \ , \\ \overline{\nu}_2: &\quad \text{Antineutrino} \ . \end{aligned}$$

2. $\mu^{\pm}$ fällt auf den Detektor, kommt dort zur Ruhe und zerfällt nach einer bestimmten Zeit gemäß 1. Beide Ereignisse, das Auftreffen des $\mu^{\pm}$ sowie das Aussenden des $e^{\pm}$, sind nachweisbar. Damit ist das Zerfallsgesetz bekannt.

3. Zwei Detektoren, einer auf einem Berg der Höhe L, ein anderer auf Meereshöhe, messen die jeweils pro Zeiteinheit einfallenden μ-Mesonen.
4. Die Geschwindigkeit der Mesonen ist nahezu c:

$$v\left(\mu^{\pm}\right) \approx 0{,}994\,c\ .$$

Damit ist die Wegzeit t_{W} für die Strecke zwischen den beiden Detektoren berechenbar und über das Zerfallsgesetz dann die Zahl der am zweiten Detektor zu erwartenden, noch nicht zerfallenen Teilchen.
5. Beobachtung: Viel mehr μ-Mesonen als erwartet erreichen den zweiten Detektor.
6. Erklärung: Die Zahl der tatsächlich ankommenden Teilchen ist nicht durch t_{W}, sondern durch die Eigenzeit τ_{W} bestimmt. Das Zerfallsgesetz entspricht der mitbewegten Uhr:

$$\tau_{\mathrm{W}} = \frac{t_{\mathrm{W}}}{\gamma} \approx \frac{1}{9}\,t_{\mathrm{W}} \qquad \left(= 0{,}109\,t_{\mathrm{W}}\right)\ .$$

Die relativ zu unseren Detektoren sich mit $v \approx 0{,}994\,c$ bewegenden Mesonen stellen eine um den Faktor $1/9$ zu langsame Uhr dar.

1.4.4 Längenkontraktion

Wie führt man eine **Längenmessung** durch? Man legt einen Maßstab auf die zu messende Strecke und liest **gleichzeitig** die Positionen der Endpunkte ab. Das erscheint trivial, falls Strecke und Bezugssystem Σ in relativer Ruhe zueinander sind:

$$l = z_1 - z_2\ .$$

Bei der Längenmessung im mit der Geschwindigkeit v relativ zu Σ bewegten Inertialsystem Σ' gilt zunächst für die Positionen der Endpunkte:

$$z_1' = \gamma\left(z_1 - v\,t_1\right)\ ; \quad z_2' = \gamma\left(z_2 - v\,t_2\right)\ .$$

Was ist für t_1, t_2 einzusetzen? Die Ablesung hat auch in Σ' gleichzeitig zu erfolgen, d. h., es muss $t_1' = t_2'$, nicht etwa $t_1 = t_2$, gelten. Dies bedeutet nach (1.21):

$$t_1 - \frac{v}{c^2}z_1 \overset{!}{=} t_2 - \frac{v}{c^2}z_2\ .$$

Es ist also

$$t_1 - t_2 = \frac{v}{c^2}\left(z_1 - z_2\right)$$

und damit

$$l' = z_1' - z_2' = \gamma \left[z_1 - z_2 - \frac{v^2}{c^2}(z_1 - z_2) \right] .$$

Dies bedeutet schließlich:

$$l' = l\sqrt{1 - \frac{v^2}{c^2}} . \qquad (1.28)$$

Ein in Σ ruhender Stab der Länge l erscheint in Σ' um den Faktor $(1-\beta^2)^{1/2} < 1$ verkürzt. Entscheidend ist, dass die Längenmessung vorschreibt, die Positionen der Enden **gleichzeitig** abzulesen. Das Gleichzeitigkeitskriterium ist aber für verschiedene Inertialsysteme verschieden. Das überträgt sich auf die Ergebnisse von Längenmessungen.

1.4.5 Additionstheorem für Geschwindigkeiten

Kann man durch eine Folge von Lorentz-Transformationen nicht auch Relativgeschwindigkeiten erreichen, die größer als die Lichtgeschwindigkeit c sind?

$$\underbrace{\Sigma_1 \underset{v_1}{\longrightarrow} \Sigma_2 \underset{v_2}{\longrightarrow} \Sigma_3}_{v_3 \longrightarrow} ; \qquad \boldsymbol{v}_i = v_i \boldsymbol{e}_z , \quad i = 1, 2, 3 .$$

Wenn einfach $v_3 = v_1 + v_2$ zu setzen wäre, so würde z. B. aus $v_1 > c/2$ und $v_2 > c/2$ auch $v_3 > c$ folgen müssen. Dies würde den Einstein'schen Postulaten widersprechen.

Nehmen wir einmal an, dass die Relativgeschwindigkeiten v_1, v_2, v_3 sämtlich in z-Richtung erfolgen:

$$\gamma_i = \left(1 - \beta_i^2\right)^{-(1/2)} ; \quad \beta_i = \frac{v_i}{c} ; \quad i = 1, 2, 3 . \qquad (1.29)$$

Dann gilt zunächst für den direkten Übergang:

$\boxed{\Sigma_1 \rightarrow \Sigma_3 :}$

$$x^\mu_{(3)} = \widehat{L}_3 x^\mu_{(1)} ,$$

$$\widehat{L}_3 = \begin{pmatrix} \gamma_3 & 0 & 0 & -\beta_3\gamma_3 \\ 0 & 1 & 0 & 0 \\ 0 & 0 & 1 & 0 \\ -\beta_3\gamma_3 & 0 & 0 & \gamma_3 \end{pmatrix} . \qquad (1.30)$$

Äquivalente Resultate müssen sich ergeben, wenn wir von Σ_1 nach Σ_3 über Σ_2 wechseln:

$\boxed{\Sigma_1 \to \Sigma_2 \to \Sigma_3 :}$

$$x^{\mu}_{(3)} = \left(\widehat{L}_2 \widehat{L}_1\right) x^{\mu}_{(1)} \,,$$

$$\widehat{L}_2 \widehat{L}_1 = \begin{pmatrix} \gamma_2 & 0 & 0 & -\beta_2\gamma_2 \\ 0 & 1 & 0 & 0 \\ 0 & 0 & 1 & 0 \\ -\beta_2\gamma_2 & 0 & 0 & \gamma_2 \end{pmatrix} \begin{pmatrix} \gamma_1 & 0 & 0 & -\beta_1\gamma_1 \\ 0 & 1 & 0 & 0 \\ 0 & 0 & 1 & 0 \\ -\beta_1\gamma_1 & 0 & 0 & \gamma_1 \end{pmatrix}$$

$$= \begin{pmatrix} \gamma_1\gamma_2(1+\beta_1\beta_2) & 0 & 0 & -\gamma_1\gamma_2(\beta_1+\beta_2) \\ 0 & 1 & 0 & 0 \\ 0 & 0 & 1 & 0 \\ -\gamma_1\gamma_2(\beta_1+\beta_2) & 0 & 0 & \gamma_1\gamma_2(1+\beta_1\beta_2) \end{pmatrix} . \tag{1.31}$$

Der Vergleich von (1.30) und (1.31) führt zu

$$\gamma_3 = \gamma_1\gamma_2\left(1+\beta_1\beta_2\right) \,,$$
$$\beta_3\gamma_3 = \gamma_1\gamma_2\left(\beta_1+\beta_2\right) \,.$$

Daraus folgt das Additionstheorem für die Relativgeschwindigkeiten:

$$\beta_3 = \frac{\beta_1+\beta_2}{1+\beta_1\beta_2} \,. \tag{1.32}$$

Damit ist auf jeden Fall $\beta_3 = (v_3/c) < 1$, falls β_1, $\beta_2 < 1$ sind. Dies liest man direkt an (1.32) ab:

$$1-\beta_3 = \frac{(1-\beta_1)(1-\beta_2)}{1+\beta_1\beta_2} > 0 \,. \tag{1.33}$$

c bleibt also auf jeden Fall Grenzgeschwindigkeit! Wir diskutieren noch zwei **Spezialfälle**:

1. $v_1 = v_2 = 1/2\,c$:
   In diesem Fall ist $\beta_1 = \beta_2 = 1/2$ und damit $\beta_3 = 4/5$:

   $$v_3 = \frac{4}{5}c \neq v_1 + v_2 \,.$$

2. $v_1 = c;\ v_2 \leq c$ beliebig:
   Es ist nun $\beta_1 = 1$, sodass nach (1.32) β_3 von v_2 unabhängig wird:

   $$\beta_3 = \frac{1+\beta_2}{1+\beta_2} = 1 \,.$$

Dies entspricht dem Postulat 1.3.2 aus Abschn. 1.3. Von einer Lichtquelle emittiertes Licht bereitet sich im Vakuum mit der Geschwindigkeit c aus, und zwar unabhängig von der Geschwindigkeit v der Lichtquelle.

Wir wollen die Überlegungen dieses Abschnitts zum Abschluss noch etwas verallgemeinern. Σ und Σ' seien zwei Inertialsysteme, für die die Formeln (1.18) bis (1.21) der Lorentz-Transformation gelten. Ein Objekt habe in Σ die Geschwindigkeit

$$\boldsymbol{u} \equiv \left(u_x, u_y, u_z\right) = \left(\frac{\mathrm{d}x}{\mathrm{d}t}, \frac{\mathrm{d}y}{\mathrm{d}t}, \frac{\mathrm{d}z}{\mathrm{d}t}\right) . \tag{1.34}$$

Welche Geschwindigkeit hat es dann in Σ'?

$$\boldsymbol{u}' \equiv \left(u'_x, u'_y, u'_z\right) = \left(\frac{\mathrm{d}x'}{\mathrm{d}t'}, \frac{\mathrm{d}y'}{\mathrm{d}t'}, \frac{\mathrm{d}z'}{\mathrm{d}t'}\right) . \tag{1.35}$$

Aus der Lorentz-Transformation folgt:

$$\begin{aligned}
\mathrm{d}x' &= \mathrm{d}x , \\
\mathrm{d}y' &= \mathrm{d}y , \\
\mathrm{d}z' &= \gamma(\mathrm{d}z - v\,\mathrm{d}t) , \\
\mathrm{d}t' &= \gamma\left(\mathrm{d}t - \frac{v}{c^2}\,\mathrm{d}z\right) = \gamma\left(1 - \frac{v\,u_z}{c^2}\right)\mathrm{d}t .
\end{aligned}$$

Damit erhalten wir für die Komponenten der Geschwindigkeit in Σ':

$$u'_x = \frac{\mathrm{d}x'}{\mathrm{d}t'} = \frac{1}{\gamma}\frac{u_x}{1 - \frac{v\,u_z}{c^2}} , \tag{1.36}$$

$$u'_y = \frac{\mathrm{d}y'}{\mathrm{d}t'} = \frac{1}{\gamma}\frac{u_y}{1 - \frac{v\,u_z}{c^2}} , \tag{1.37}$$

$$u'_z = \frac{\mathrm{d}z'}{\mathrm{d}t'} = \frac{u_z - v}{1 - \frac{v\,u_z}{c^2}} . \tag{1.38}$$

Analog gilt für ein Objekt in Σ, wenn es in Σ' die Geschwindigkeit $\boldsymbol{u}'$ besitzt:

$$u_x = \frac{1}{\gamma}\frac{u'_x}{1 + \frac{v\,u'_z}{c^2}} , \tag{1.39}$$

$$u_y = \frac{1}{\gamma}\frac{u'_y}{1 + \frac{v\,u'_z}{c^2}} , \tag{1.40}$$

$$u_z = \frac{u'_z + v}{1 + \frac{v\,u'_z}{c^2}} . \tag{1.41}$$

Wir überprüfen noch die Lorentz-Invarianz der Lichtgeschwindigkeit, d. h., wir kontrollieren, ob aus $\boldsymbol{u}^2 = c^2$ auch $\boldsymbol{u}'^2 = c^2$ folgt, wie von der Speziellen Relativitätstheorie gefordert:

Sei $\boldsymbol{u}^2 = c^2$:

$$\begin{aligned} \boldsymbol{u}'^2 &= \frac{1}{\gamma^2} \frac{1}{\left(1 - \frac{v u_z}{c^2}\right)^2} \left(u_x^2 + u_y^2\right) + \frac{(u_z - v)^2}{\left(1 - \frac{v u_z}{c^2}\right)^2} \\ &= \left(1 - \frac{v u_z}{c^2}\right)^{-2} \left[\left(1 - \frac{v^2}{c^2}\right) \left(u_x^2 + u_y^2\right) + u_z^2 + v^2 - 2v u_z\right] \\ &= \left(1 - \frac{v u_z}{c^2}\right)^{-2} \left[c^2 - \frac{v^2}{c^2} \left(c^2 - u_z^2\right) + v^2 - 2v u_z\right] \\ &= \frac{c^2}{\left(1 - \frac{v u_z}{c^2}\right)^2} \left[1 + \frac{v^2 u_z^2}{c^4} - 2\frac{v u_z}{c^2}\right] = c^2 \; ; \quad \text{q. e. d.} \end{aligned}$$

1.5 Lichtkegel, Minkowski-Diagramme

Wir gehen noch einmal zu den allgemeinen Resultaten des Abschn. 1.4.1 zurück und leiten eine bisweilen recht nützliche geometrische Veranschaulichung der Speziellen Relativitätstheorie ab.

Wir haben mit Gleichung (1.23) bereits den *Ortsvektor* des Minkowski-Raumes kennen gelernt:

$$x^\mu \equiv \begin{pmatrix} x^0 \\ x^1 \\ x^2 \\ x^3 \end{pmatrix} \equiv \begin{pmatrix} c\,t \\ x \\ y \\ z \end{pmatrix} \equiv (c\,t, \boldsymbol{x}) \; . \tag{1.42}$$

Das *Längenquadrat*

$$s^2 = c^2 t^2 - \boldsymbol{x}^2 = c^2 t^2 - \sum_{\mu=1}^{3} (x^\mu)^2 \tag{1.43}$$

ist gemäß Postulat 1.3.2 der Speziellen Relativitätstheorie eine Lorentz-Invariante, d. h. eine physikalische Größe, die sich bei einer Lorentz-Transformation nicht ändert.

Wir können den Ortsvektor (1.42) in einem Raum-Zeit-Diagramm, dem so genannten

- Minkowski-Diagramm,

darstellen, dessen Achsen durch x, y, z und $c\,t$ gegeben sind. Für die Zeitachse verwendet man $c\,t$, damit alle Achsen die Dimension einer Strecke haben. Da die x- und y-Komponenten invariant bleiben, können wir $x = y = 0$ setzen.

Jeder Punkt P des Minkowski-Raumes stellt ein bestimmtes **Ereignis** dar. Seine Koordinaten sind die Achsenabschnitte, die sich ergeben, wenn man zu den Achsen parallele Geraden durch den Punkt P legt. Als **Lichtsignal** bezeichnet man die durch $s^2 = 0$ definierte Gerade durch den Ursprung. Bei gleicher Skalierung der Raum- und Zeitachse handelt es sich um die Winkelhalbierende im z-ct-Diagramm.

Die Beschreibung eines Ereignisses im Minkowski-Diagramm kann natürlich, dem jeweiligen Bezugspunkt entsprechend, auf unendlich viele Arten erfolgen. Das Inertialsystem Σ, in dem die Raum- und Zeitachsen senkrecht aufeinander stehen, ist an sich physikalisch durch nichts gegenüber Σ' ausgezeichnet, dessen Achsenrichtungen man wie folgt bestimmen kann: Nehmen wir an, dass die Koordinatenursprünge von Σ und Σ' zur Zeit $t = t' = 0$ übereinstimmen. Dann ist die

- Σ'-Zeitachse

durch $z' \equiv 0 \equiv \gamma(z - vt)$ definiert. Das bedeutet $z = vt$ oder

$$ct = \frac{1}{\beta} z \,. \tag{1.44}$$

Die Σ'-Zeitachse ist also in Σ eine Gerade mit der Steigung $(1/\beta) > 1$. Sie liegt demnach stets zwischen der Σ-Zeitachse und dem Lichtsignal. Die

- Σ'-Raumachse

ist durch $t' \equiv 0 \equiv \gamma\left(t - (v/c^2)z\right)$ definiert. Das bedeutet in diesem Fall:

$$ct = \beta z \,. \tag{1.45}$$

Sie stellt damit in Σ eine Gerade mit der Steigung $\beta < 1$ dar, liegt also stets zwischen der Σ-Raumachse und dem Lichtsignal.

Bei der Lorentz-Transformation $\Sigma \to \Sigma'$ ändert sich natürlich auch die Skalierung der Achsen. Die

- Eichung der Achsen

geschieht nach dem folgenden Rezept: Da s^2 eine Lorentz-Invariante ist und x und y sich bei der Transformation nicht ändern, ist auch

$$\hat{s}^2 = s^2 + x^2 + y^2 = (ct)^2 - z^2$$

eine Lorentz-Invariante. Der geometrische Ort aller Punkte mit

$$\hat{s}^2 = -1 \Leftrightarrow z^2 = (ct)^2 + 1$$

stellt in Σ eine gleichseitige Hyperbel dar, die die z-Achse $(t = 0)$ in $z = 1$ schneidet. Dadurch ist die Maßeinheit in Σ festgelegt. – Alle Punkte der Hyperbel entsprechen Ortsvektoren der (projizierten) *Länge* $\hat{s}^2 = -1$. Da diese aber lorentzinvariant ist, haben diese

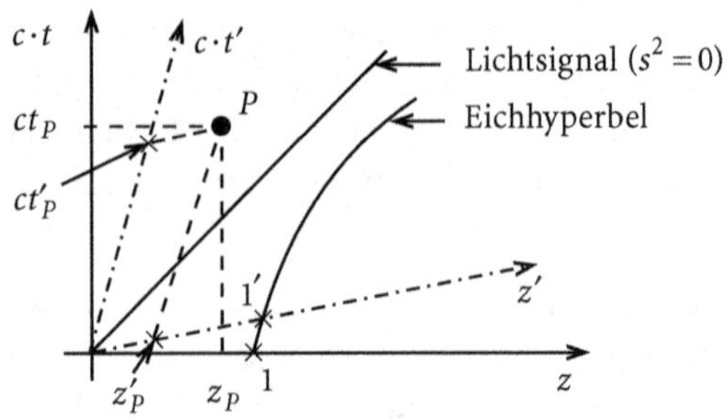

Abb. 1.4 Aufbau eines Minkowski-Diagramms

Ortsvektoren auch in Σ' die (projiziert) *Länge* -1. Sie erfüllen also die Beziehung

$$z'^2 = (ct')^2 + 1 \, .$$

Damit legt der Schnittpunkt der Eichhyperbel mit der z'-Achse die Maßeinheit $z' = 1$ fest (s. Abb. 1.4).

Ganz analog liefert der Schnittpunkt der aus

$$\hat{s}^2 = +1 \Leftrightarrow (ct)^2 = z^2 + 1$$

folgenden Hyperbel mit der t-Achse $(z = 0)$ die Zeiteinheit in Σ, der Schnittpunkt mit der t'-Achse $(z' = 0)$ die Zeiteinheit in Σ'. – Damit ist die Eichung der Achsen vollzogen.

Das *Längenquadrat* eines Vierer-Vektors ist, wie bereits mehrfach ausgenutzt, nicht notwendig positiv. Man unterscheidet deshalb:

$$s^2 = (ct)^2 - \boldsymbol{x}^2 \begin{cases} > 0 : & \textit{zeitartiger} \text{ Vierer-Vektor} \, , \\ = 0 : & \textit{lichtartiger} \text{ Vierer-Vektor} \, , \\ < 0 : & \textit{raumartiger} \text{ Vierer-Vektor} \, . \end{cases} \tag{1.46}$$

Der Minkowski-Raum lässt sich entsprechend zerlegen (Abb. 1.5). Alle zeitartigen Vierer-Vektoren liegen innerhalb des so genannten

- Lichtkegels,

dessen Oberfläche durch $s^2 = 0$ definiert ist. Wegen $v \leq c$ liegen die Bahnen materieller Teilchen im Minkowski-Raum, die man

- Weltlinien

nennt, samt und sonders im Innern des Lichtkegels, falls sie bei $t = 0$ im Ursprung gestartet sind. Die Weltlinien der Photonen liegen auf dem Lichtkegel. Alle **raumartigen** Vierer-Vektoren liegen außerhalb des Lichtkegels. Da s^2 eine Lorentz-Invariante ist, behält jeder Vierer-Vektor in **allen** Inertialsystemen den Charakter bei, raumartig bzw. zeitartig zu sein.

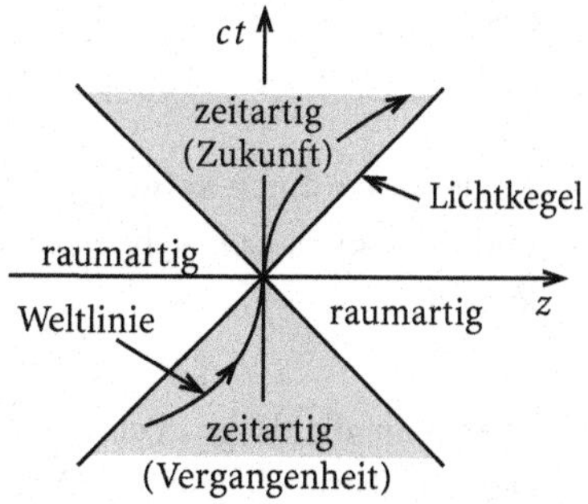

Abb. 1.5 Lichtkegel und Weltlinie im Minkowski-Raum

Betrachten wir zum Schluss einmal den Abstand zweier Weltereignisse $P_1(c\,t_1, \boldsymbol{x}_1)$ und $P_2(c\,t_2, \boldsymbol{x}_2)$ etwas genauer:

$$s_{12}^2 = c^2\,(t_1 - t_2)^2 - |\boldsymbol{x}_1 - \boldsymbol{x}_2|^2 \ . \tag{1.47}$$

Mit den Vierer-Vektoren $x^\mu_{(1)} = (c\,t_1, \boldsymbol{x}_1)$, $x^\mu_{(2)} = (c\,t_2, \boldsymbol{x}_2)$ ist natürlich auch der Differenzenvektor $x^\mu_{(1)} - x^\mu_{(2)}$ ein Vierer-Vektor, das Längenquadrat s_{12}^2 (*Raum-Zeit-Intervall*) somit eine Lorentz-Invariante. Ohne Beschränkung der Allgemeingültigkeit der folgenden Aussagen können wir annehmen, dass $(\boldsymbol{x}_1 - \boldsymbol{x}_2)$ die Richtung der z-Achse hat. Es ist deshalb $|\boldsymbol{x}1 - \boldsymbol{x}_2| = z_1 - z_2$, falls $z_1 > z_2$ ist.

1. **Raumartiger Abstand** ($s_{12}^2 < 0$)
   Aus $s_{12}^2 < 0$ folgt $z_1 - z_2 > c\,(t_1 - t_2)$. Dies bedeutet, dass die beiden Ereignisse P_1 und P_2 nicht durch ein Lichtsignal verbindbar sind. Es kann zwischen ihnen deshalb

   ▸ keine kausale Korrelation

   bestehen! Es lässt sich stets eine Lorentz-Transformation in ein Inertialsystem Σ' finden, in dem die beiden Ereignisse P_1 und P_2 gleichzeitig erscheinen:

   $$c\,(t_1' - t_2') = \gamma\,(c\,(t_1 - t_2) - \beta\,(z_1 - z_2)) \stackrel{!}{=} 0 \ .$$

   Wegen $z_1 - z_2 > c(t_1 - t_2)$ gibt es natürlich immer ein $\beta < 1$ mit

   $$\beta\,(z_1 - z_2) \stackrel{!}{=} c\,(t_1 - t_2) \ ,$$

   sodass $t_1' = t_2'$ wird. – Die Reihenfolge von Weltereignissen mit raumartigen Abständen lässt sich stets durch passende Lorentz-Transformationen vertauschen.
2. **Zeitartiger Abstand** ($s_{12}^2 > 0$)
   $s_{12}^2 > 0$ bedeutet $c(t_1 - t_2) > z_1 - z_2$. Damit sind die Weltereignisse P_1 und P_2 durch ein Lichtsignal überbrückbar. Eine

   ▸ kausale Korrelation ist möglich!

Wegen $c(t_1 - t_2) > z_1 - z_2$ und damit erst recht

$$c(t_1 - t_2) > \beta(z_1 - z_2)$$

ist allerdings durch **keine** Lorentz-Transformation Gleichzeitigkeit erreichbar. Ursache und Wirkung lassen sich also **nicht** miteinander vertauschen.
Wegen

$$z'_1 - z'_2 = \gamma[(z_1 - z_2) - v(t_1 - t_2)]$$

kann man allerdings in ein Inertialsystem transformieren, in dem $z'_1 = z'_2$ wird, die Ereignisse also an demselben Ort stattfinden.
Den Spezialfall $s_{12}^2 = 0$ bezeichnet man als *lichtartigen* Abstand.

1.6 Aufgaben

Aufgabe 1.6.1

Ein Raumschiff bewegt sich mit der Geschwindigkeit $v = 0{,}8\,c$. Sobald dieses einen Abstand von $d = 6{,}66 \cdot 10^8$ km von der Erde hat, wird von der Erdstation ein Radiosignal zum Schiff gesendet. Wie lange benötigt das Signal

1. gemäß einer Uhr auf der Erdstation,
2. gemäß einer Uhr im Raumschiff.

Aufgabe 1.6.2

Σ und Σ' seien zwei Inertialsysteme. Σ' bewege sich relativ zu Σ mit der Geschwindigkeit $v = (3/5)\,c$ in z-Richtung. Zur Zeit $t = t' = 0$ sei $\Sigma = \Sigma'$. Ein Ereignis habe in Σ' die Koordinaten:

$$x' = 10\,\mathrm{m}\,; \quad y' = 15\,\mathrm{m}\,; \quad z' = 20\,\mathrm{m}\,; \quad t' = 4 \cdot 10^{-8}\,\mathrm{s}\,.$$

Bestimmen Sie die Koordinaten des Ereignisses in Σ!

Aufgabe 1.6.3

Σ und Σ' seien zwei Inertialsysteme. Σ' bewege sich relativ zu Σ mit der Geschwindigkeit v in z-Richtung. Zwei Ereignisse finden in Σ zu den Zeiten $t_1 = z_0/c$ und

$t_2 = z_0/2c$ an den Orten $(x_1 = 0,\ y_1 = 0,\ z_1 = z_0)$ und $(x_2 = 0,\ y_2 = y_0, z_2 = 2z_0)$ statt. Wie groß muss die Relativgeschwindigkeit v sein, damit die Ereignisse in Σ' gleichzeitig stattfinden? Zu welcher Zeit t' werden die Ereignisse dann in Σ' beobachtet?

Aufgabe 1.6.4

In einem Inertialsystem Σ finden zwei Ereignisse am gleichen Ort im zeitlichen Abstand von 4 s statt. Berechnen Sie den räumlichen Abstand der beiden Ereignisse in einem Inertialsystem Σ', in dem die Ereignisse in einem zeitlichen Abstand von 5 s erfolgen!

Aufgabe 1.6.5

In einem Inertialsystem Σ haben zwei gleichzeitige Ereignisse einen Abstand von 3 km auf der z-Achse. Dieser Abstand beträgt in Σ' 5 km. Berechnen Sie die konstante Geschwindigkeit v, mit der sich Σ' relativ zu Σ in z-Richtung bewegt. Welchen zeitlichen Abstand haben die Ereignisse in Σ'?

Aufgabe 1.6.6

Σ und Σ' seien zwei Inertialsysteme. Σ' bewege sich relativ zu Σ mit der Geschwindigkeit $\boldsymbol{v}$, wobei die Richtung von $\boldsymbol{v}$ beliebig, also nicht notwendig parallel zur z-Achse von Σ orientiert sein soll. Geben Sie die Formeln der Lorentz-Transformation an! Wie lautet die Transformationsmatrix $\widehat{L}$? Geben Sie $\widehat{L}$ für den Spezialfall $\boldsymbol{v} = v\,\boldsymbol{e}_x$ an!

Aufgabe 1.6.7

Σ und Σ' seien zwei mit $\boldsymbol{v} = v\,\boldsymbol{e}_z = \text{const}$ relativ zueinander bewegte Inertialsysteme.

1. Ein in Σ ruhender Stab schließt mit der z-Achse einen Winkel von 45° ein. Unter welchem Winkel erscheint er in Σ'?
2. Ein Teilchen habe in Σ die Geschwindigkeit $\boldsymbol{u} = (v, 0, 2\,v)$. Welche Winkel bildet seine Bahn mit den z-Achsen in Σ und Σ'?

3. Ein Photon verlässt den Ursprung von Σ zur Zeit $t = 0$ in einer Richtung, die mit der z-Achse einen Winkel von 45° bildet. Welcher Winkel ergibt sich in Σ'?

Aufgabe 1.6.8

Eine Rakete der Eigenlänge L_0 fliegt mit konstanter Geschwindigkeit v relativ zu einem Bezugssystem Σ in z-Richtung. Zur Zeit $t = t' = 0$ passiert die Spitze der Rakete den Punkt P_0 in Σ. In diesem Moment wird ein Lichtsignal von der Raketenspitze zum Raketenende gesendet.

1. Nach welcher Zeit erreicht im Ruhesystem der Rakete der Lichtblitz das Ende der Rakete?
2. Zu welchem Zeitpunkt erreicht das Signal das Raketenende im Ruhesystem Σ des Beobachters?
3. Wann registriert der Beobachter, dass das Raketenende den Punkt P_0 passiert?

Aufgabe 1.6.9

Σ, Σ' seien zwei Inertialsysteme, die sich mit der Geschwindigkeit $\boldsymbol{v} = v\,\boldsymbol{e}_z$ relativ zueinander bewegen. Ein Teilchen habe in Σ die Geschwindigkeit

$$\boldsymbol{u} = \left(u_x, u_y, u_z\right) = \left(\frac{\mathrm{d}x}{\mathrm{d}t}, \frac{\mathrm{d}y}{\mathrm{d}t}, \frac{\mathrm{d}z}{\mathrm{d}t}\right) .$$

Es gelte

$$\boldsymbol{u} = (0, c, 0) .$$

Berechnen Sie $\boldsymbol{u}'$!

Aufgabe 1.6.10

1. Kann es zwischen den folgenden Ereignissen

$$\begin{array}{lllll} \text{a)} & x_1 = 1\,\mathrm{m}\,; & y_1 = 2\,\mathrm{m}\,; & z_1 = 3\,\mathrm{m}\,; & t_1 = 3 \cdot 10^{-8}\,\mathrm{s}\,, \\ & x_2 = 4\,\mathrm{m}\,; & y_2 = 2\,\mathrm{m}\,; & z_2 = 7\,\mathrm{m}\,; & t_2 = 6 \cdot 10^{-8}\,\mathrm{s}\,, \\ \text{b)} & x_1 = 7\,\mathrm{m}\,; & y_1 = 0\,; & z_1 = -2\,\mathrm{m}\,; & t_1 = 1{,}1 \cdot 10^{-7}\,\mathrm{s}\,, \\ & x_2 = 4\,\mathrm{m}\,; & y_2 = 5\,\mathrm{m}\,; & z_2 = +3\,\mathrm{m}\,; & t_2 = 0{,}9 \cdot 10^{-7}\,\mathrm{s} \end{array}$$

einen kausalen Zusammenhang geben?

2. Ist es möglich, ein Inertialsystem zu finden, in dem diese Ereignisse gleichzeitig erscheinen? Mit welcher Geschwindigkeit und in welcher Richtung würde sich dieses relativ zu dem in Teil 1. bewegen?

Aufgabe 1.6.11

μ-Mesonen entstehen beim Eindringen der kosmischen Strahlung in die Erdatmosphäre in der Höhe

$$H \approx 3 \cdot 10^4\,\text{m}\,.$$

In ihrem Ruhesystem haben die Myonen eine Lebensdauer (Eigenzeit) $\tau \approx 2 \cdot 10^{-6}\,\text{s}$. Dies bedeutet $c\tau \approx 600\,\text{m}$. Trotzdem erreichen fast alle Myonen die Erdoberfläche. Dies versteht man nur, wenn die Geschwindigkeit der Myonen der Lichtgeschwindigkeit c sehr ähnlich ist.

1. Wie stark darf die Abweichung der Myonengeschwindigkeit von c sein,

$$\varepsilon = \frac{c - v}{c}\,,$$

damit die Myonen die Erdoberfläche erreichen?
2. Welche Höhe H' empfindet ein mit dem Myon mitbewegter Beobachter?

Aufgabe 1.6.12

Licht falle von einer Quelle L kommend auf einen halbdurchlässigen Spiegel S_0, wird dort teilweise nach S_3 reflektiert, geht aber auch teilweise nach S_1 durch. S_1 und

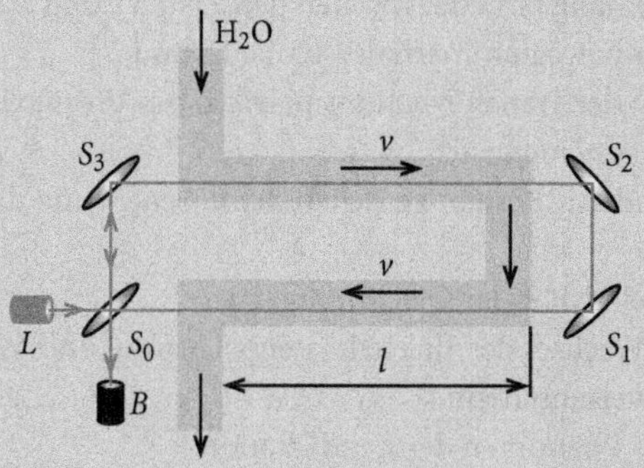

Abb. 1.6

S_2 sind total reflektierende Spiegel. Man erhält also schließlich zwei kohärente Teilstrahlen, die im Teleskop B interferieren. Die Lichtstrahlen durchlaufen insgesamt die Strecke $2l$ in einem Rohr, in dem Wasser mit der Strömungsgeschwindigkeit v fließt, der eine Teilstrahl parallel, der andere antiparallel zum Wasserfluss. In B wird experimentell ein Interferenzmuster beobachtet, das einem Unterschied in der optischen Weglänge $c\,\Delta t$ entspricht mit

$$\Delta t = 2l\left(\frac{1}{\frac{c}{n} - fv} - \frac{1}{\frac{c}{n} + fv}\right) .$$

n ist der Brechungsindex des Wassers. Berechnen Sie den *Fresnel'schen Mitführungskoeffizienten* f und zeigen Sie, dass dieser mit Einsteins Postulaten verträglich ist und nicht notwendig Newtons Fiktion vom *Weltäther* erfordert. (Fizeau-Versuch).

Kontrollfragen

1. Welche Vorstellung verbindet man mit dem Begriff *Relativitätstheorie*?
2. Was bezeichnet man als die *Newton'sche Fiktion*?
3. Was ist ein Inertialsystem?
4. Definieren Sie die Galilei-Transformation. Was besagt diese über die Zeiten t und t' in den Inertialsystemen Σ und Σ'?
5. Beschreiben Sie das Michelson-Morley-Experiment.
6. Was ist das Resultat des Michelson-Morley-Experimentes?
7. Formulieren Sie die Einstein'schen Postulate.
8. Wie lautet die Matrix $\widehat{L}$ der speziellen Lorentz-Transformation? Skizzieren Sie ihre Ableitung.
9. Welcher Zusammenhang besteht zwischen den Zeiten t und t' in gleichförmig geradlinig gegeneinander bewegten Inertialsystemen Σ und Σ'?
10. Wie erkennt man an der Transformationsmatrix, dass c die maximale Relativgeschwindigkeit von Inertialsystemen ist?
11. Welcher Zusammenhang besteht zwischen der Lorentz- und der Galilei-Transformation?
12. Erläutern Sie die Relativität der Gleichzeitigkeit.
13. Lassen sich durch Wechsel des Inertialsystems Ursache und Wirkung eines kausalen Zusammenhanges vertauschen?
14. Beschreiben Sie das Phänomen der Zeitdilatation.
15. Was bezeichnet man als *Eigenzeit*?
16. Wie kann man die Zeitdilatation experimentell nachweisen?
17. Wie führt man eine Längenmessung durch?

18. Ein in Σ ruhender Stab habe dort die Länge l. Was ergibt eine entsprechende Längenmessung im Inertialsystem Σ', das sich gegenüber Σ mit $v = \text{const}$ bewegt?
19. Wie lautet das Additionstheorem für Relativgeschwindigkeiten?
20. $\Sigma_1, \Sigma_2, \Sigma_3$ seien Inertialsysteme. Σ_2 bewege sich relativ zu Σ_1 in z-Richtung mit der Geschwindigkeit $v_1 = c$, Σ_3 relativ zu Σ_2 mit $v_2 = c/2$. Mit welcher Geschwindigkeit v_3 bewegt sich Σ_3 relativ zu Σ_1?
21. Was versteht man unter einem Minkowski-Diagramm?
22. Wodurch ist das Lichtsignal definiert?
23. Σ und Σ' seien zwei sich mit $v = \text{const}$ in z-Richtung bewegende Inertialsysteme, deren Koordinatenursprünge zur Zeit $t = t' = 0$ zusammenfallen. Raum- und Zeitachse von Σ mögen senkrecht aufeinanderstehen. Wie bestimmt man die Raum- und Zeitachsen in Σ'?
24. Wie werden die Achsen des Minkowski-Diagramms skaliert?
25. Was sind zeitartige, lichtartige, raumartige Vierer-Vektoren?
26. Definieren Sie den Lichtkegel.
27. Kann man durch Wechsel des Inertialsystems einen zeitartigen in einen raumartigen Vierer-Vektor verwandeln?
28. Was versteht man unter einem raumartigen (zeitartigen) Abstand zweier Weltereignisse?
29. Warum kann zwischen Weltereignissen mit raumartigem Abstand keine kausale Korrelation bestehen?
30. Wann kann durch eine passende Lorentz-Transformation die Reihenfolge zweier Weltereignisse vertauscht werden, bei raum- oder bei zeitartigem Abstand?

Kovariante vierdimensionale Formulierungen

2

W. Nolting, *Grundkurs Theoretische Physik 4/1*, Springer-Lehrbuch,
DOI 10.1007/978-3-662-49031-0_2

2.1 Ko- und kontravariante Tensoren

2.1.1 Definitionen

Wir haben in Abschn. 1.4 die korrekte Transformation zwischen Inertialsystemen kennen gelernt, die Postulat 1.3.2 aus Abschn. 1.3 erfüllt. Es muss nun darum gehen, sämtliche physikalischen Gesetze in

- kovarianter Form

aufzuschreiben, d. h. so zu formulieren, dass sie bei Lorentz-Transformationen **forminvariant** bleiben. Das entspricht der Äquivalenz aller Inertialsysteme gemäß Postulat 1.3.1.

Die Newton'schen Gesetze der Klassischen Mechanik sind lediglich forminvariant gegenüber Galilei-Transformationen, die, wie wir nun wissen, nur in der Grenze $v \ll c$ korrekt sind. Folglich werden die Grundgesetze der Mechanik und auch der Elektrodynamik im relativistischen Bereich nicht mehr die vertrauten Formen haben. Unsere nächste Aufgabe muss also darin bestehen, die Forminvarianz der physikalischen Gesetze gegenüber Lorentz-Transformationen zu überprüfen. Diese Kontrolle findet zweckmäßig im vierdimensionalen Minkowski-Raum statt. Dort stellt die Lorentz-Transformation eine *Drehung* der Vierer-Vektoren dar, die deren *Längenquadrate* (1.11) invariant lässt.

Forminvarianz der physikalischen Gesetze gegenüber normalen räumlichen Drehungen im dreidimensionalen Raum musste bereits für die nicht relativistische Physik gefordert werden, ist dort in der Regel jedoch trivialerweise erfüllt. Ein physikalisches Gesetz ist eine mathematische Gleichung. Ein

$$\textbf{skalares Gesetz}: \quad a = b$$

ist natürlich invariant gegenüber Drehungen, da sich weder a noch b dabei ändern. Ein

$$\textbf{vektorielles Gesetz}: \quad \boldsymbol{a} = \boldsymbol{b} \Leftrightarrow a_j = b_j\,; \quad j = 1, 2, 3$$

ist kovariant gegenüber Drehungen, d. h., die Komponenten ändern sich zwar, aber so, dass $a_j' = b_j'$ für alle j gilt und damit $\boldsymbol{a}' = \boldsymbol{b}'$. Analoge Aussagen gelten für Tensoren beliebiger Stufe.

Damit ist das Rezept klar: **Forminvarianz** gegenüber Lorentz-Transformationen ist für ein physikalisches Gesetz genau dann gegeben, wenn das Gesetz in kovarianter vierdimensionaler Form vorliegt, d. h., wenn alle Terme der Gleichung

- Vierer-Tensoren gleicher Stufe

sind. Unter diesem Gesichtspunkt werden wir in Abschn. 2.2 die Grundgesetze der Mechanik und in Abschn. 2.3 die der Elektrodynamik aufarbeiten.

Zunächst müssen wir aber das obige *Rezept* noch etwas genauer erläutern. Dazu stellen wir einige formale Betrachtungen über das Rechnen im vierdimensionalen Minkowski-Raum an, wobei wir uns insbesondere den in Abschn. 4.3.3, Bd. 1 eingeführten Tensorbegriff in Erinnerung rufen müssen. Es handelt sich dabei eigentlich um nichts anderes als eine Erweiterung des Vektorbegriffs. Ein n^k-Tupel von Zahlen in einem n-dimensionalen Raum stellt einen Tensor k-ter Stufe dar, falls sich diese Zahlen beim Wechsel des Koordinatensystems ($\Sigma \to \Sigma'$) nach bestimmten Gesetzen transformieren. Der hier interessierende Raum ist der Minkowski-Raum mit $n = 4$. Der Koordinatenwechsel erfolgt durch eine Lorentz-Transformation, die wir letztlich aus der Invarianz des *Längenquadrats*

$$s^2 = \left(x^0\right)^2 - \boldsymbol{x}^2 = c^2t^2 - x^2 - y^2 - z^2$$

des Vierer-Vektors (1.42),

$$x^\mu \equiv (ct, \boldsymbol{x}) \; ,$$

abgeleitet haben. Die Transformation ist linear

$$x'^\mu = L_{\mu\lambda} x^\lambda \; ,$$

wobei die Matrixelemente $L_{\mu\lambda}$ durch (1.16) definiert sind. Man beachte die Summenkonvention (1.25). – Ein mit dem Raum-Zeit-Punkt x^μ verknüpfter

▸ Tensor k-ter Stufe

wird nun durch sein Transformationsverhalten beim Übergang $x^\mu \to \bar{x}^\mu$ definiert. Für den Minkowski-Raum handelt es sich also um ein 4^k-Tupel von Zahlen, die sich bei der Koordinatentransformation

$$x^\mu \to x'^\mu = L_{\mu\lambda} x^\lambda$$

nach bestimmten Gesetzen transformieren. Die Zahlen heißen

▸ Komponenten des Tensors.

Sie haben k Indizes, von denen jeder von $n = 0$ bis $n = 3$ läuft. Für uns sind $k = 0, 1$ und 2 interessant.

1) Tensor nullter Stufe = Vierer-Skalar

Dieser Tensor hat $4^0 = 1$ Komponente (*Welt-Skalar*). Es handelt sich um eine einzelne Größe, die bei einer Lorentz-Transformation invariant bleibt. Ein Beispiel dafür ist das Längenquadrat s^2.

2) Tensor erster Stufe = Vierer-Vektor

Dieser Tensor besitzt $4^1 = 4$ Komponenten. Man unterscheidet zwei Typen von Vektoren (*Welt-Vektoren*):

2a) Kontravarianter Vierer-Vektor

Wir kennzeichnen diesen Typ durch hoch-gestellte Indizes:

$$a^{\mu} \equiv \left(a^0, a^1, a^2, a^3\right) . \tag{2.1}$$

Die Komponenten transformieren sich beim Wechsel des Inertialsystems $(x^{\mu} \to \bar{x}^{\mu})$ wie folgt:

$$a'^{\mu} = \frac{\partial \bar{x}^{\mu}}{\partial x^{\lambda}} a^{\lambda} . \tag{2.2}$$

Da der Koordinatenwechsel durch eine Lorentz-Transformation bewirkt werden soll, gilt insbesondere:

$$a'^{\mu} = L_{\mu\lambda}\, a^{\lambda} . \tag{2.3}$$

Beispiele sind:

α) der *Ortsvektor* $x^{\mu} \equiv (ct, x, y, z)$,
β) das Differential $\mathrm{d}x^{\mu}$; denn für dieses gilt nach der Kettenregel:

$$\mathrm{d}x'^{\mu} = \sum_{\lambda=0}^{3} \frac{\partial \bar{x}^{\mu}}{\partial x^{\lambda}} \mathrm{d}x^{\lambda} .$$

2b) Kovarianter Vierer-Vektor

Dieser Typ Vierer-Vektor ist durch tief-gestellte Indizes gekennzeichnet:

$$b_{\mu} = (b_0, b_1, b_2, b_3) . \tag{2.4}$$

Die Komponenten transformieren sich wie folgt:

$$b'_{\mu} = \frac{\partial x^{\lambda}}{\partial \bar{x}^{\mu}} b_{\lambda} . \tag{2.5}$$

Dies bedeutet im Spezialfall der Lorentz-Transformation:

$$b'_{\mu} = \left(L^{-1}\right)_{\lambda\mu} b_{\lambda} . \tag{2.6}$$

Ein wichtiges Beispiel ist der Gradient einer skalaren Funktion φ:

$$b_{\mu} = \left(\frac{\partial \varphi}{\partial x^0}, \dots, \frac{\partial \varphi}{x^3}\right) ,$$

$$b'_\mu = \left(\frac{\partial \varphi}{\partial \bar{x}^0}, \dots, \frac{\partial \varphi}{\partial \bar{x}^3} \right) , \tag{2.7}$$
$$x^\nu = x^\nu \left(x'^\mu \right) .$$

Es gilt offenbar:

$$b'_\mu = \frac{\partial \varphi}{\partial x'^\mu} = \frac{\partial \varphi}{\partial x^\nu} \frac{\partial x^\nu}{\partial x'^\mu} = \frac{\partial x^\nu}{\partial x'^\mu} b_\nu .$$

Dies entspricht der Definitionsgleichung (2.5).

3) Tensor zweiter Stufe

Dieser Tensortyp besitzt $4^2 = 16$ Komponenten. Man unterscheidet nun drei Arten von so genannten *Welt-Tensoren*:

3a) Kontravarianter Tensor

Die Komponenten $F^{\alpha\beta}$ ändern sich bei einer Lorentz-Transformation wie folgt:

$$\left(F^{\mu\nu}\right)' = \frac{\partial x'^\mu}{\partial x^\alpha} \frac{\partial x'^\nu}{\partial x^\beta} F^{\alpha\beta} , \tag{2.8}$$
$$\left(F^{\mu\nu}\right)' = L_{\mu\alpha} L_{\nu\beta} F^{\alpha\beta} . \tag{2.9}$$

„Zeilen“ und „Spalten“ transformieren sich also wie kontravariante Vektoren. Ein Beispiel ist das **Tensorprodukt** aus zwei kontravarianten Vierer-Vektoren a^μ und b^μ, das aus insgesamt 16 Zahlen (Komponenten) besteht:

$$F^{\mu\nu} = a^\mu b^\nu ; \quad \mu, \nu = 0, \dots, 3 . \tag{2.10}$$

Für dieses gilt nämlich:

$$\left(F^{\mu\nu}\right)' = a'^\mu b'^\nu = \frac{\partial x'^\mu}{\partial x^\alpha} \frac{\partial x'^\nu}{\partial x^\beta} a^\alpha b^\beta = L_{\mu\alpha} L_{\nu\beta} F^{\alpha\beta} .$$

3b) Kovarianter Tensor

Das ist nun ein System von 16 Komponenten $F_{\alpha\beta}$, die sich gemäß

$$F'_{\mu\nu} = \frac{\partial x^\alpha}{\partial x'^\mu} \frac{\partial x^\beta}{\partial x'^\nu} F_{\alpha\beta} , \tag{2.11}$$
$$F'_{\mu\nu} = \left(L^{-1}\right)_{\alpha\mu} \left(L^{-1}\right)_{\beta\nu} F_{\alpha\beta} \tag{2.12}$$

transformieren. „Zeilen“ und „Spalten“ transformieren sich in diesem Fall wie kovariante Vektoren. Das Tensorprodukt aus zwei kovarianten Vierer-Vektoren wäre ein nahe liegendes Beispiel.

3c) Gemischter Tensor

Die 16 Komponenten F_α^β transformieren sich in diesem Fall wie

$$\left(F_\mu^\nu\right)' = \frac{\partial x^\alpha}{\partial x'^\mu}\frac{\partial x'^\nu}{\partial x^\beta} F_\alpha^\beta , \tag{2.13}$$

$$\left(F_\mu^\nu\right)' = \left(L^{-1}\right)_{\alpha\mu} L_{\nu\beta} F_\alpha^\beta . \tag{2.14}$$

Man beachte, dass sich Tensoren zweiter Stufe stets in Matrizenform schreiben lassen. Allerdings transformieren sich die Elemente einer normalen Matrix nicht notwendig wie die Komponenten eines Tensors. Die Formel (2.14) entspricht dagegen der Relation

$$F' = S^{-1} F S$$

der linearen Algebra, die angibt, wie sich eine Abbildungsmatrix F bei einer Koordinatentransformation S zu einer Matrix F' ändert. Der **gemischte** Tensor zweiter Stufe ist deshalb wirklich in strengem Sinne eine Matrix, die kovarianten und kontravarianten Tensoren dagegen nicht.

Ein Beispiel für einen gemischten Tensor zweiter Stufe stellt das Tensorprodukt aus einem ko- und einem kontravarianten Vierer-Vektor dar:

$$F_\mu^\nu = a^\nu b_\mu .$$

Ganz analog werden Tensoren noch höherer Stufe definiert. So ist z. B. durch

$$\left(F_{\nu\rho\sigma}^{\mu}\right)' = \frac{\partial x'^\mu}{\partial x^\alpha}\frac{\partial x^\beta}{\partial x'^\nu}\frac{\partial x^\gamma}{\partial x'^\rho}\frac{\partial x^\delta}{\partial x'^\sigma} F_{\beta\gamma\delta}^{\alpha}$$

das Transformationsverhalten eines gemischten Tensors vierter Stufe festgelegt. Hier sind allerdings nur $k = 0, 1, 2$-Tensoren relevant.

2.1.2 Rechenregeln

Welchen mathematischen Gesetzmäßigkeiten unterliegen die soeben eingeführten Tensoren?

1. Man multipliziert einen Tensor mit einer Zahl, indem man jede Komponente mit dieser Zahl multipliziert.
2. Tensoren werden komponentenweise addiert!

3. Unter der

▸ Verjüngung eines Tensors

versteht man das Gleichsetzen eines oberen und eines unteren Index, womit automatisch eine Summation verknüpft ist. Die Tensorstufe nimmt dabei von k auf $k-2$ ab.

Beispiele

a) Wir setzen in dem obigen gemischten Tensor vierter Stufe $\nu = \mu$:

$$\left(F^{\nu}_{\nu\rho\sigma}\right)' = \frac{\partial x'^{\nu}}{\partial x^{\alpha}} \frac{\partial x^{\beta}}{\partial x'^{\nu}} \frac{\partial x^{\gamma}}{\partial x'^{\rho}} \frac{\partial x^{\delta}}{\partial x'^{\sigma}} F^{\alpha}_{\beta\gamma\delta} = \frac{\partial x^{\beta}}{\partial x^{\alpha}} \frac{\partial x^{\gamma}}{\partial x'^{\rho}} \frac{\partial x^{\delta}}{\partial x'^{\sigma}} F^{\alpha}_{\beta\gamma\delta}$$
$$= \frac{\partial x^{\gamma}}{\partial x'^{\rho}} \frac{\partial x^{\delta}}{\partial x'^{\sigma}} F^{\alpha}_{\alpha\gamma\delta}.$$

Dieser Ausdruck transformiert sich wie ein kovarianter Tensor zweiter Stufe, wie der Vergleich mit (2.11) zeigt.

b) Die **Spur** einer Matrix F^{μ}_{ν} ist definiert als die Summe ihrer Diagonalelemente:

$$F^{\mu}_{\nu} \longrightarrow F^{\nu}_{\nu}\,.$$

Das Resultat ist ein Tensor nullter Stufe, also ein Skalar. Die Spur einer Matrix ist somit invariant gegenüber Koordinatentransformationen.

c) Die Verjüngung eines **Tensorprodukts**

$$a^{\mu} b_{\nu} \longrightarrow a^{\nu} b_{\nu}$$

ergibt natürlich einen Skalar ($k = 2 \to k = 0$). Sie ist dem Skalarprodukt in rechtwinkligen Koordinaten äquivalent. Man definiert deshalb für Vierer-Vektoren:

Skalarprodukt

$$(b, a) \equiv b_{\alpha}\, a^{\alpha}\,. \tag{2.15}$$

Als Skalar ist diese Größe lorentzinvariant. Das lässt sich leicht überprüfen:

$$(b', a') = b'_{\alpha}\, a'^{\alpha} = \frac{\partial x^{\lambda}}{\partial x'^{\alpha}} \frac{\partial x'^{\alpha}}{\partial x^{\rho}}\, b_{\lambda}\, a^{\rho} = \frac{\partial x^{\lambda}}{\partial x^{\rho}}\, b_{\lambda}\, a^{\rho} = b_{\lambda}\, a^{\lambda} = (b, a)\,.$$

d) Als Beispiel β) unter 2a) hatten wir das Differential $\mathrm{d}x^\mu$ des Ortsvektors im Minkowski-Raum als speziellen kontravarianten Vierer-Vektor kennen gelernt:

$$\mathrm{d}x^\mu \equiv \left(\mathrm{d}x^0, \mathrm{d}x^1, \mathrm{d}x^2, \mathrm{d}x^3\right) = (c\,\mathrm{d}t, \mathrm{d}x, \mathrm{d}y, \mathrm{d}z)\,. \tag{2.16}$$

Damit bilden wir das lorentzinvariante *Längenquadrat*,

$$\begin{aligned}(\mathrm{d}s)^2 &= \left(\mathrm{d}x^0\right)^2 - \left(\mathrm{d}x^1\right)^2 - \left(\mathrm{d}x^2\right)^2 - \left(\mathrm{d}x^3\right)^2 \\ &= (c\,\mathrm{d}t)^2 - \mathrm{d}x^2 - \mathrm{d}y^2 - \mathrm{d}z^2\,,\end{aligned} \tag{2.17}$$

und schreiben:

$$(\mathrm{d}s)^2 = \mu_{\alpha\beta}\,\mathrm{d}x^\alpha\,\mathrm{d}x^\beta\,. \tag{2.18}$$

Die Koeffizienten $\mu_{\alpha\beta}$ sind die Komponenten des metrischen Tensors (s. (2.86), Bd. 2), der in der Speziellen Relativitätstheorie symmetrisch $(\mu_{\alpha\beta} = \mu_{\beta\alpha})$ und diagonal ist:

Kovarianter metrischer Tensor

$$\mu_{\alpha\beta} \equiv \begin{pmatrix} +1 & & & 0 \\ & -1 & & \\ & & -1 & \\ 0 & & & -1 \end{pmatrix}. \tag{2.19}$$

Will man das invariante Längenquadrat $(\mathrm{d}s)^2$ als Skalarprodukt schreiben,

$$(\mathrm{d}s)^2 = (\mathrm{d}x,\,\mathrm{d}x) = \mathrm{d}x_\alpha\,\mathrm{d}x^\alpha\,, \tag{2.20}$$

so muss offensichtlich gelten:

$$\mathrm{d}x_\alpha = \mu_{\alpha\beta}\,\mathrm{d}x^\beta\,. \tag{2.21}$$

Der **kontravariante metrische Tensor** ist dann durch den folgenden Ansatz definiert:

$$\mathrm{d}x^\alpha = \mu^{\alpha\beta}\,\mathrm{d}x_\beta\,. \tag{2.22}$$

Dies bedeutet:

$$\mathrm{d}x^\gamma = \mu^{\gamma\alpha}\,\mathrm{d}x_\alpha = \mu^{\gamma\alpha}\,\mu_{\alpha\beta}\,\mathrm{d}x^\beta\,.$$

Dieses kann nur richtig sein, wenn

$$\mu^{\gamma\alpha}\,\mu_{\alpha\beta} = \delta^\gamma_\beta = \begin{cases} 1, & \text{falls } \gamma = \beta\,, \\ 0 & \text{sonst}\,. \end{cases} \tag{2.23}$$

gilt. An (2.19) lesen wir ab, dass in der Speziellen Relativitätstheorie kovarianter und kontravarianter metrischer Tensor offenbar identisch sind:

$$\mu^{\alpha\beta} = \mu_{\beta\alpha} = \mu_{\alpha\beta} \,. \tag{2.24}$$

4. Ohne Beweis verallgemeinern wir (2.21) bzw. (2.22) zu einer **Übersetzungsvorschrift**, um kovariante in kontravariante Tensoren zu transformieren und umgekehrt. Man spricht vom

Herauf- bzw. Herunterziehen eines Index

$$D^{\dots\alpha\dots}_{\dots} = \mu^{\alpha\beta} D^{\dots}_{\dots\beta\dots} \,, \tag{2.25}$$
$$D^{\dots}_{\dots\alpha\dots} = \mu_{\alpha\beta} D^{\dots\beta\dots}_{\dots} \,. \tag{2.26}$$

Auf diese Weise kann man mit den Positionen der Indizes ziemlich beliebig *spielen*. Wir machen die Probe:

$$\begin{aligned} D^{\dots}_{\dots\alpha\dots} &= \mu_{\alpha\beta} D^{\dots\beta\dots}_{\dots} = \mu_{\alpha\beta}\, \mu^{\beta\gamma} D^{\dots}_{\dots\gamma\dots} \\ &= \delta^{\gamma}_{\alpha} D^{\dots}_{\dots\gamma\dots} = D^{\dots}_{\dots\alpha\dots} \,. \end{aligned}$$

Insbesondere können wir mit der obigen Übersetzungsvorschrift nun jeden kontravarianten Vierer-Vektor

$$a^{\mu} \equiv \left(a^0, a^1, a^2, a^3\right) = \left(a^0, \boldsymbol{a}\right) \tag{2.27}$$

in den entsprechenden kovarianten Vierer-Vektor umwandeln:

$$a_{\mu} \equiv \left(a_0, a_1, a_2, a_3\right) = \left(a^0, -\boldsymbol{a}\right) \,. \tag{2.28}$$

Dies bedeutet für das Skalarprodukt (2.15):

$$(b, a) = b_{\alpha}\, a^{\alpha} = \mu_{\alpha\beta}\, b^{\beta}\, a^{\alpha} = b^0\, a^0 - \boldsymbol{b} \cdot \boldsymbol{a} \,. \tag{2.29}$$

Der letzte Summand stellt das normale dreidimensionale Skalarprodukt zwischen den Raumkomponenten dar. Man beachte, dass das skalare Produkt nur dann als Summe der Produkte der entsprechenden Komponenten geschrieben werden kann, wenn man die kovarianten Komponenten des einen und die kontravarianten Komponenten des anderen Vierer-Vektors miteinander kombiniert.

Beispiele

$$s^2 = (x, x) = c^2 t^2 - \boldsymbol{r}^2 \,,$$
$$(\mathrm{d}s)^2 = (\mathrm{d}x, \mathrm{d}x) = (c\, \mathrm{d}t)^2 - (\mathrm{d}\boldsymbol{r})^2 \,.$$

2.1.3 Differentialoperatoren

Die Transformationseigenschaft der für die Theoretische Physik so wichtigen Differentialoperatoren erhalten wir durch direktes Anwenden der Kettenregel:

$$\frac{\partial}{\partial x'^{\mu}} = \frac{\partial x^{\alpha}}{\partial x'^{\mu}} \frac{\partial}{\partial x^{\alpha}} ; \quad x^{\alpha} = x^{\alpha}\left(x'^{\mu}\right) .$$

Die Differentiation nach der Komponente eines kontravarianten Vektors transformiert sich also so wie die Komponenten eines kovarianten Vierer-Vektors. Das überträgt sich direkt auf den Nabla-Operator:

Gradient:

$$\partial_{\mu} \equiv \frac{\partial}{\partial x^{\mu}} \equiv \left(\frac{1}{c}\frac{\partial}{\partial t}, \nabla\right) . \tag{2.30}$$

∇ ist der *normale*, dreidimensionale Gradient (s. (1.269), Bd. 1). Mit Hilfe der allgemeinen Übersetzungsvorschrift (2.26) finden wir für die Ableitung nach einer kovarianten Komponente

$$\partial^{\mu} \equiv \frac{\partial}{\partial x_{\mu}} \equiv \left(\frac{1}{c}\frac{\partial}{\partial t}, -\nabla\right) . \tag{2.31}$$

Die **Divergenz** (s. (1.278), Bd. 1) ist als Skalarprodukt aus einem kovarianten Gradienten und einem kontravarianten Vierer-Vektor bzw. einem kontravarianten Gradienten und einem kovarianten Vierer-Vektor natürlich lorentzinvariant:

Divergenz:

$$\partial_{\mu} a^{\mu} \equiv \partial^{\mu} a_{\mu} = \frac{1}{c}\frac{\partial}{\partial t} a^{0} + \nabla \cdot \boldsymbol{a} . \tag{2.32}$$

Insbesondere für die Elektrodynamik ist schließlich noch der

- d'Alembert-Operator $\square$

wichtig (s. (4.30), Bd. 3):

$$-\square \equiv \partial_{\mu}\partial^{\mu} \equiv \partial^{\mu}\partial_{\mu} = \frac{1}{c^2}\frac{\partial^2}{\partial t^2} - \Delta . \tag{2.33}$$

$\Delta = \nabla^2$ ist der Laplace-Operator (s. (1.282), Bd. 1). Als Skalarprodukt ist auch der d'Alembert-Operator lorentzinvariant.

2.2 Kovariante Formulierung der Klassischen Mechanik

Wir wollen nun die Grundgesetze der Klassischen Mechanik so umschreiben, dass sie forminvariant gegenüber Lorentz-Transformationen werden. Dazu müssen wir sie in kovarianter vierdimensionaler Form angeben, d. h., alle Terme in einer solchen Gleichung müssen Vierer-Tensoren gleicher Stufe sein. In der Grenze $v \ll c$ sollten sich die „bekannten" Gesetzmäßigkeiten reproduzieren.

2.2.1 Eigenzeit, Welt-Geschwindigkeit

Als **Weltlinie** haben wir in Abschn. 1.5 die Bahn eines materiellen Teilchens im Minkowski-Raum bezeichnet. Es handelt sich also um die Menge aller **Ereignisse**

$$x^{\mu} = (ct, x, y, z) \,,$$

die das Objekt in diesem Raum im Laufe der Zeit durchläuft. Dann ist $\mathrm{d}x^{\mu}$ die differentielle Änderung längs der Weltlinie. Das differentielle Längenquadrat

$$(\mathrm{d}s)^2 = \mathrm{d}x^{\mu}\,\mathrm{d}x_{\mu} = c^2(\mathrm{d}t)^2 - (\mathrm{d}\boldsymbol{r})^2 \tag{2.34}$$

ist, wie bereits festgestellt, als Skalarprodukt ein *Welt-Skalar*, d. h. eine Lorentz-Invariante. Das gilt dann aber auch für die Zeit-Größe

$$(\mathrm{d}\tau)^2 = \frac{1}{c^2}(\mathrm{d}s)^2 = (\mathrm{d}t)^2 - \frac{1}{c^2}(\mathrm{d}\boldsymbol{r})^2 \,, \tag{2.35}$$

da die Lichtgeschwindigkeit c nach dem grundlegenden Postulat 1.3.2 aus Abschn. 1.3 in allen Inertialsystemen denselben Wert hat. Die physikalische Bedeutung von $\mathrm{d}\tau$ machen wir uns wie folgt klar. Da $(\mathrm{d}\tau)^2$ invariant ist, können wir zur Interpretation ein besonders *zweckmäßiges* Bezugssystem wählen. Das wäre z. B. das *mitbewegte* Inertialsystem, in dem das Teilchen im Koordinatenursprung momentan *ruht*:

$$\mathrm{d}x^{\mu\prime} \equiv (c\,\mathrm{d}t', 0, 0, 0) \,. \tag{2.36}$$

Dann folgt für $\mathrm{d}\tau$:

$$(\mathrm{d}\tau)^2 = \frac{1}{c^2}\,\mathrm{d}x'^{\mu}\,\mathrm{d}x'_{\mu} = (\mathrm{d}t')^2 \,. \tag{2.37}$$

$\mathrm{d}\tau$ entspricht also einem Zeitintervall auf einer mitgeführten Uhr, d. h. dem Intervall der in Abschn. 1.4.3 besprochenen **Eigenzeit**. Da $\mathrm{d}\tau$ als Welt-Skalar lorentzinvariant ist, ändert sich das Eigenzeitintervall natürlich auch nicht, wenn wir es auf ein gegenüber dem

Teilchen bewegtes System Σ transformieren:

$$c^2(\mathrm{d}\tau)^2 = \mathrm{d}x^\mu\,\mathrm{d}x_\mu = c^2(\mathrm{d}t)^2 - (\mathrm{d}x)^2 - (\mathrm{d}y)^2 - (\mathrm{d}z)^2$$
$$= c^2(\mathrm{d}t)^2\left(1 - \frac{v^2}{c^2}\right) .$$

Das Resultat entspricht der Feststellung aus Abschn. 1.4.3, dass die *Eigenzeit stets nachgeht*:

$$\mathrm{d}t = \frac{\mathrm{d}\tau}{\sqrt{1 - v^2/c^2}} = \gamma\,\mathrm{d}\tau > \mathrm{d}\tau . \tag{2.38}$$

v ist die Relativgeschwindigkeit des Teilchens im System Σ.

Wir kommen nun zum Begriff der

- **Welt-Geschwindigkeit** u^μ,

die man sinnvollerweise über die Verschiebung $\mathrm{d}x^\mu$ des Teilchens im Minkowski-Raum innerhalb der Eigenzeit $\mathrm{d}\tau$ definiert:

$$u^\mu \equiv \frac{\mathrm{d}x^\mu}{\mathrm{d}\tau} . \tag{2.39}$$

Es handelt sich um einen kontravarianten Vierer-Vektor, für den wir auch schreiben können:

$$u^\mu = \frac{\mathrm{d}x^\mu}{\mathrm{d}t}\frac{\mathrm{d}t}{\mathrm{d}\tau} = \frac{1}{\sqrt{1 - v^2/c^2}}\frac{\mathrm{d}x^\mu}{\mathrm{d}t} = \gamma\frac{\mathrm{d}x^\mu}{\mathrm{d}t}$$
$$\Rightarrow u^\mu = \frac{1}{\sqrt{1-\beta^2}}\left(c, v_x, v_y, v_z\right) = \gamma(v)\left(c, \boldsymbol{v}\right) . \tag{2.40}$$

Die *Norm* von u^μ ist als Skalarprodukt lorentzinvariant und besitzt eine einfache physikalische Bedeutung:

$$u^\mu u_\mu = \gamma^2\left(c^2 - v^2\right) = c^2 . \tag{2.41}$$

2.2.2 Kraft, Impuls, Energie

Das Newton'sche Trägheitsgesetz (s. (2.42), Bd. 1),

$$F_i = m\frac{\mathrm{d}}{\mathrm{d}t}v_i\,; \quad i = x, y, z , \tag{2.42}$$

behält bei einem Wechsel des Inertialsystems, wie wir jetzt wissen, nur dann seine Gültigkeit, wenn für die Relativgeschwindigkeit $v \ll c$ gilt. Es ist damit forminvariant gegenüber einer Galilei-Transformation. Wir suchen nun die relativistische Verallgemeinerung dieses Gesetzes für den vierdimensionalen Minkowski-Raum. Dabei haben wir natürlich als Randbedingung zu fordern, dass sich für $v \ll c$ die Beziehungen für die Raumkomponenten auf die Form (2.42) reduzieren.

Nun können aber die Raumkomponenten der zu suchenden Vierer-Kraft nicht einfach mit den F_i identifiziert werden. Diese haben nicht das richtige Transformationsverhalten. So sind ja auch die Raumkomponenten der Vierer-Geschwindigkeit u^μ in (2.40) nicht die v_i, die vielmehr mit dem Faktor $\gamma(v)$ zu multiplizieren sind. Allerdings ist zu fordern, dass sich die Raumkomponenten eines jeden Vierer-Vektors bei gewöhnlichen dreidimensionalen Drehungen wie übliche Raumvektoren transformieren. Nun wissen wir, dass sich das Transformationsverhalten eines gewöhnlichen dreidimensionalen Raumvektors bezüglich Drehungen nicht ändert, wenn man den Vektor mit einem Skalar multipliziert. Die Raumkomponenten der gesuchten Vierer-Kraft werden deshalb Produkte aus den F_i mit passenden skalaren Funktionen von $\beta = v/c$ sein, die sich für $v \ll c$ auf 1 reduzieren.

Um nun zu der relativistischen Verallgemeinerung des Newton-Gesetzes (2.42) zu kommen, werden wir zunächst die Geschwindigkeit $\boldsymbol{v}$ durch die Vierer-Geschwindigkeit u^μ ersetzen,

$$\boldsymbol{v} \longrightarrow u^\mu ,$$

da nur die Raumkomponenten von u^μ für $\beta \ll 1$ in die v_i übergehen. Ferner werden wir auf der rechten Seite von (2.42) die Zeit t durch die Eigenzeit τ ersetzen,

$$t \longrightarrow \tau ,$$

da nur die Eigenzeit lorentzinvariant ist. Damit hat

$$\frac{\mathrm{d}}{\mathrm{d}\tau} u^\mu$$

die Dimension einer Beschleunigung und ist ein kontravarianter Vierer-Vektor, der sich wie x^μ transformiert (s. Aufgabe 2.5.3). Wir betrachten schließlich noch die träge Masse m des Teilchens als Lorentz-Invariante, da nur „Raum und Zeit" in der Speziellen Relativitätstheorie einer kritischen Revision unterworfen werden, nicht dagegen „Materie". Damit kommen wir zu dem folgenden **Ansatz** für die relativistische Verallgemeinerung der Kraftgleichung (2.42):

$$m \frac{\mathrm{d}}{\mathrm{d}\tau} u^\mu = K^\mu . \tag{2.43}$$

Der kontravariante Vierer-Vektor K^μ heißt

- Minkowski-Kraft.

Beide Seiten der Kraftgleichung sind Welt-Tensoren erster Stufe, sodass die Kovarianz bezüglich Lorentz-Transformationen gewährleistet ist. Wir müssen allerdings die Komponenten der Minkowski-Kraft K^μ erst noch bestimmen.

Zu deren Festlegung erinnern wir uns an die andere Form des nicht relativistischen Trägheitsgesetzes:

$$F_i = \frac{\mathrm{d}}{\mathrm{d}t} p_i \,; \quad i = x, y, z \,. \tag{2.44}$$

Dieses fordert Impulserhaltung, falls keine äußeren Kräfte auf das Teilchen wirken. Diese *Newton'sche Form* der Impulserhaltung ist nicht lorentzinvariant. Wir können den Raumanteil des relativistischen Impulses deshalb durch die Forderung nach einer lorentzinvarianten Impulserhaltung für ein kräftefreies Teilchen festlegen. Dazu bringen wir die Kraftgleichung für die Raumkomponenten in eine Form, die äußerlich dem Trägheitsgesetz (2.44) besonders ähnlich ist:

$$K_i = m \frac{\mathrm{d}}{\mathrm{d}\tau} u_i = m \gamma \frac{\mathrm{d}}{\mathrm{d}t} \gamma v_i \,; \quad i = x, y, z \,. \tag{2.45}$$

Der Impulserhaltungssatz ist sicher dann lorentzinvariant, wenn wir durch Vergleich Impulse und Kräfte wie folgt festlegen:

$$p_{\mathrm{r}i} = \frac{m v_i}{\sqrt{1-\beta^2}} = \gamma m v_i \,, \tag{2.46}$$

$$K_i = \frac{F_i}{\sqrt{1-\beta^2}} = \gamma F_i \,, \tag{2.47}$$

$$i = x, y, z \,.$$

F_i sind nun, anders als in (2.44), die relativistischen Kraftkomponenten $F_i = \frac{\mathrm{d}}{\mathrm{d}t} p_{\mathrm{r}i}$. Wie gefordert reduzieren sich die Ausdrücke für $v \ll c$ auf die bekannten, nicht relativistischen Terme. Durch Diskussion von Stoßprozessen werden wir in Abschn. 2.2.3 einsehen, dass (2.46) wohl die einzige schlüssige, relativistische Verallgemeinerung des mechanischen Impulses ist.

Es fehlt noch die Zeit-Komponente der Minkowski-Kraft. Dazu berechnen wir

$$\begin{aligned} K^\mu u_\mu &= K^0 u^0 - \boldsymbol{K} \cdot \boldsymbol{u} = \left(m \frac{\mathrm{d}}{\mathrm{d}\tau} u^0 \right) u^0 - \left(m \frac{\mathrm{d}}{\mathrm{d}\tau} \boldsymbol{u} \right) \cdot \boldsymbol{u} \\ &= \frac{1}{2} m \frac{\mathrm{d}}{\mathrm{d}\tau} \left(u^0 u^0 - \boldsymbol{u} \cdot \boldsymbol{u} \right) = \frac{1}{2} m \frac{\mathrm{d}}{\mathrm{d}\tau} \left(u^\mu u_\mu \right) = \frac{1}{2} m \frac{\mathrm{d}}{\mathrm{d}\tau} c^2 \,. \end{aligned}$$

Hier haben wir (2.29) und (2.41) ausgenutzt. Es ist also

$$K^\mu u_\mu = 0 \,. \tag{2.48}$$

Andererseits gilt aber auch mit (2.40) und (2.47):

$$K^{\mu} u_{\mu} = \gamma K^0 c - \gamma^2 \boldsymbol{F} \cdot \boldsymbol{v} \,. \tag{2.49}$$

Der Vergleich mit (2.48) liefert die nullte Kraftkomponente:

$$K^0 = \gamma \frac{\boldsymbol{F} \cdot \boldsymbol{v}}{c} \,. \tag{2.50}$$

Gleichungen (2.47) und (2.50) ergeben die vollständige

Minkowski-Kraft

$$K^{\mu} = \gamma \left(\frac{\boldsymbol{F} \cdot \boldsymbol{v}}{c}, F_x, F_y, F_z \right) \,. \tag{2.51}$$

Damit ist das Newton'sche Trägheitsgesetz in der Form (2.43) vollständig relativistisch verallgemeinert.

Als Nächstes untersuchen wir die physikalische Bedeutung der Zeitkomponente der Minkowski-Kraft:

$$\begin{aligned} \gamma \frac{\boldsymbol{F} \cdot \boldsymbol{v}}{c} &= m \frac{\mathrm{d}}{\mathrm{d}\tau} u^0 = m \gamma \frac{\mathrm{d}}{\mathrm{d}t} (\gamma c) \\ \Rightarrow \boldsymbol{F} \cdot \boldsymbol{v} &= \frac{\mathrm{d}}{\mathrm{d}t} \frac{m c^2}{\sqrt{1 - \beta^2}} \,. \end{aligned} \tag{2.52}$$

Das Skalarprodukt $\boldsymbol{F} \cdot \boldsymbol{v}$ entspricht der Arbeit, die die Kraft $\boldsymbol{F}$ pro Zeiteinheit an dem Teilchen der Masse m leistet. In der nicht relativistischen Mechanik ist diese mit der zeitlichen Änderung der kinetischen Energie T identisch (s. (2.226), Bd. 1). Wir machen deshalb den Ansatz

$$\boldsymbol{F} \cdot \boldsymbol{v} = \frac{\mathrm{d}}{\mathrm{d}t} T_{\mathrm{r}} \,, \tag{2.53}$$

wobei der Index „r" für *relativistisch* steht, und erhalten durch Vergleich mit (2.52) die

relativistische kinetische Energie

$$T_{\mathrm{r}} = \frac{m c^2}{\sqrt{1 - v^2/c^2}} = m \gamma c^2 \,. \tag{2.54}$$

Auch für diese Größe erwarten wir, dass sie in der Grenze kleiner Geschwindigkeiten ($v \ll c$) in den bekannten nicht relativistischen Ausdruck $T = \frac{m}{2}v^2$ übergeht. Nun gilt aber:

$$T_\mathrm{r} = m\,c^2\left(1 - \frac{v^2}{c^2}\right)^{-1/2} = m\,c^2 + \frac{1}{2}m\,v^2 + \frac{3}{8}m\frac{v^4}{c^2} + \ldots\,.$$

Für kleine v reduziert sich also T_r in dieser Weise noch nicht auf die nicht relativistische kinetische Energie:

$$T_\mathrm{r} \underset{v/c \ll 1}{\longrightarrow} m\,c^2 + \frac{1}{2}m\,v^2\,. \tag{2.55}$$

Der *störende* Zusatzterm $m\,c^2$ ist eine Konstante, die für die Kinematik des Massenpunktes eigentlich unbedeutend ist. Man könnte sie z. B. in der Definitionsgleichung (2.54) für T_r auf der rechten Seite abziehen, da der Analogieschluss von (2.53) auf (2.54) ohnehin nur bis auf eine additive Konstante bestimmt sein kann. Wir werden jedoch später sehen, dass dieser additiven Konstanten eine tiefergehende physikalische Bedeutung zukommt:

$$m\,c^2 \Leftrightarrow \textbf{Ruheenergie des Massenpunktes}\,.$$

Wir behalten sie deshalb bei.

Durch Multiplikation der Vierer-Geschwindigkeit u^μ (2.40) mit der Masse m des Teilchens können wir einen neuen kontravarianten Vierer-Vektor definieren, der als

Vierer-Impuls (Welt-Impuls)

$$p^\mu = m\,u^\mu = m\gamma\,(c, \boldsymbol{v}) \tag{2.56}$$

zu interpretieren sein wird. Setzen wir (2.40) ein, so folgt:

$$p^\mu = \left(\frac{T_\mathrm{r}}{c}, \gamma\,m\,v_x, \gamma\,m\,v_y, \gamma\,m\,v_z\right) \equiv \left(\frac{T_\mathrm{r}}{c}, \boldsymbol{p}_\mathrm{r}\right)\,. \tag{2.57}$$

Die Raumkomponenten entsprechen also der relativistischen Verallgemeinerung (2.46) des mechanischen Impulsvektors $\boldsymbol{p} = m\,\boldsymbol{v}$,

$$\boldsymbol{p}_\mathrm{r} = \gamma\,\boldsymbol{p} = \frac{m}{\sqrt{1 - v^2/c^2}}\,\boldsymbol{v}\,, \tag{2.58}$$

während die Zeitkomponente im wesentlichen mit der kinetischen Energie identisch ist.

In der bisherigen Schlussfolge ist die Masse m eine skalare, invariante Teilcheneigenschaft. In den wichtigen Formeln taucht m aber stets in der Kombination

$$m(v) = \gamma(v)\,m = \frac{m}{\sqrt{1 - v^2/c^2}} \tag{2.59}$$

auf, die man deshalb bisweilen auch als geschwindigkeitsabhängige „relativistische Masse" definiert. Die Raumkomponenten des Welt-Impulses,

$$\boldsymbol{p}_\mathrm{r} = m(v)\,\boldsymbol{v}\,, \tag{2.60}$$

haben dann formal dieselbe Gestalt wie in der nicht relativistischen Mechanik. An sich ist das der einzige Grund für die Einführung von $m(v)$. Das Symbol m ohne Argument steht dann für $m(0)$ und meint die **Ruhemasse** des Teilchens. Die relativistische kinetische Energie T_r (2.54) schreibt sich mit $m(v)$ einfacher:

$$T_\mathrm{r} = m(v)\,c^2\,. \tag{2.61}$$

Da $m(v)$ lediglich eine abkürzende Schreibweise darstellt, werden wir von der Definition (2.59) **keinen** Gebrauch machen. Sie muss auch als eher unglücklich betrachtet werden, da sie die Tatsache verschleiert, dass „Masse" als direktes Maß für „Menge an Materie" vom Koordinatensystem unabhängig sein muss.

Die Norm des Vierer-Impulses,

$$p^\mu p_\mu = \frac{T_\mathrm{r}^2}{c^2} - \boldsymbol{p}_\mathrm{r}^2 = m^2 u^\mu u_\mu = m^2 c^2\,, \tag{2.62}$$

ist als Skalarprodukt natürlich lorentzinvariant. Damit haben wir für die

▸ relativistische Energie eines freien Teilchens

eine zu (2.54) alternative Darstellung gefunden:

$$T_\mathrm{r} = E = \sqrt{c^2\boldsymbol{p}_\mathrm{r}^2 + m^2c^4}\,. \tag{2.63}$$

Aus dem Äquivalenzpostulat (Abschn. 1.3) müssen wir folgern, dass die

$$\textbf{Impulserhaltung}: \quad \boldsymbol{p}_\mathrm{r} = \gamma\,m\,\boldsymbol{v} = \textbf{const} \tag{2.64}$$

bei kräftefreier Bewegung in allen Inertialsystemen Gültigkeit hat, d. h. nicht von der Wahl des Bezugssystems abhängt. $\boldsymbol{p}_\mathrm{r}$ besteht aber aus den drei Raumkomponenten des Vierer-Impulses p^μ. Daraus müssen wir schließen:

$$\boldsymbol{p}_\mathrm{r} = \textbf{const} \;\Rightarrow\; T_\mathrm{r} = \mathrm{const}\,. \tag{2.65}$$

Wenn man nämlich den kontravarianten Vierer-Vektor p^μ gemäß (2.2) auf ein anderes Inertialsystem Σ' transformiert, so ergeben sich *neue* Raumkomponenten $\boldsymbol{p}_\mathrm{r}$, die auch von T_r abhängen. Wäre $T_\mathrm{r} \neq \mathrm{const}$, so würde demnach die Impulserhaltung in Σ' **nicht** mehr gelten:

- Impulserhaltung $\Leftrightarrow$ Energieerhaltung.

In der Speziellen Relativitätstheorie besteht über den Welt-Impuls p^μ eine sehr enge Verknüpfung dieser beiden Erhaltungssätze.

Wir ziehen hieraus eine sehr wichtige Schlussfolgerung. Nichtrelativistisch ist ja bekanntlich $\boldsymbol{p} = \mathbf{const}$ auch bei $T \neq \mathrm{const}$ möglich. Man denke an eine explodierende Granate. Die Impulse der Bruchstücke addieren sich vektoriell zu **der** Konstanten, die den Impuls **vor** der Explosion ausmachte, wohingegen sich die kinetische Energie, wie man weiß, *verheerend* geändert hat. – Die **relativistische** kinetische Energie kann sich dagegen **nicht** geändert haben. Das ist aber wegen $T_\mathrm{r} \approx m c^2 + T$ (s. (2.55)) nur dann möglich, wenn die Änderung der Ruheenergie $m c^2$ bei dem Prozess die Änderung von T kompensiert. Da die Lichtgeschwindigkeit c eine universelle Konstante ist, führt dies zu

Einsteins Äquivalenz von Masse und Energie:

$$\Delta E = \Delta m\, c^2 \,. \tag{2.66}$$

Die Bedeutung dieser Beziehung wollen wir an einigen Beispielen illustrieren:

1. Massenzuwachs, wenn man 100 kg um 1 km in die Höhe hebt:

$$\Delta m = 10^{-10}\,\mathrm{kg}\,.$$

2. *Paarerzeugung*: Der Zerfall eines masselosen Photons ν in ein Elektron (e^-) und ein Positron (e^+) ist möglich, falls

$$E_\nu \geq 2\, m_\mathrm{e}\, c^2 = 1{,}022\,\mathrm{MeV}\,.$$

   Die Energiedifferenz,

$$E_\nu - 2\, m_\mathrm{e}\, c^2 = T(\mathrm{e}^-) + T(\mathrm{e}^+)\,,$$

   erscheint als Summe der kinetischen Energien von Elektron und Positron. Die Umkehrung (*Paarvernichtung*),

$$\mathrm{e}^+ + \mathrm{e}^- \to \nu\,,$$

   ist natürlich ebenfalls möglich.

3. Masseverlust der Sonne durch Energieabstrahlung:

$$\frac{\Delta m}{\Delta t} \approx 4 \cdot 10^{12} \frac{\text{kg}}{\text{s}} .$$

4. *Atombombe*: Der Gesamtimpuls bleibt nach der Explosion unverändert. Es ergibt sich aber eine *grausam hohe* kinetische Energie der Bruchstücke durch einen Masseverlust von etwa 0,1 %.
5. Kernspaltung, Kernfusion.

2.2.3 Der elastische Stoß

Im letzten Abschnitt wurde die relativistische Form $\boldsymbol{p}_\text{r}$ des mechanischen Impulses mehr oder weniger über Analogiebetrachtungen eingeführt. Das galt auch für die relativistische kinetische Energie T_r. Wir versuchen jetzt eine direktere Ableitung dieser Größen unter der **Annahme** von

- Impuls- und Energieerhaltung in abgeschlossenen Inertialsystemen!

Gemeint sind hier natürlich die noch zu findenden **relativistischen** Energien und Impulse. Der vertraute nicht relativistische Impulssatz zum Beispiel ist ja **nicht** lorentzinvariant. Wir starten mit den folgenden **Ansätzen**,

$$\boldsymbol{p}_\text{r} = m(v)\boldsymbol{v} ; \quad T_\text{r} = \varepsilon(v) , \tag{2.67}$$

wobei $m(v)$, wie zu (2.61) erläutert, als Abkürzung zu verstehen ist. Dasselbe gilt für $\varepsilon(v)$. Sowohl $\varepsilon(v)$ als auch $m(v)$ sind zunächst als Unbekannte anzusehen, die die **Randbedingungen**

$$m(0) = m ; \quad \frac{\text{d}\varepsilon}{\text{d}v^2}(0) = \frac{m}{2} \tag{2.68}$$

erfüllen müssen. Sie sollen über den

- elastischen Stoß zweier identischer Teilchen

abgeleitet werden. Wir können sicher davon ausgehen, dass ε eine monotone Funktion von v ist. Wir betrachten den Stoß zunächst im

- Schwerpunktsystem Σ'

der beiden Teilchen. Es seien

$$\begin{aligned} &\boldsymbol{v}'_a, \boldsymbol{v}'_b : \quad \text{Geschwindigkeiten } \textbf{vor} \text{ dem Stoß} , \\ &\boldsymbol{v}'_c, \boldsymbol{v}'_d : \quad \text{Geschwindigkeiten } \textbf{nach} \text{ dem Stoß} . \end{aligned}$$

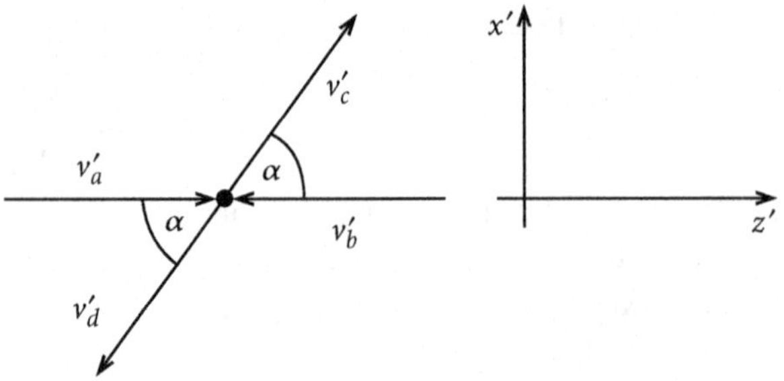

Abb. 2.1 Geschwindigkeiten beim elastischen Stoß

Dabei muss in dem Schwerpunktsystem natürlich

$$\boldsymbol{v}'_a = \boldsymbol{u}\,; \quad \boldsymbol{v}'_b = -\boldsymbol{u}$$

gelten, wobei wir ohne Beschränkung der Allgemeingültigkeit annehmen können, dass $\boldsymbol{u}$ die Richtung der z-Achse in Σ' definiert. Aus dem **Energiesatz** in Σ',

$$2\,\varepsilon(u) = \varepsilon\,(v'_c) + \varepsilon\,(v'_d)\ ,$$

muss $\varepsilon(v'_c) = \varepsilon(v'_d)$ folgen, da es sich um identische Teilchen handelt. Wegen der Monotonie von $\varepsilon(v)$ bedeutet dies aber auch $v'_c = v'_d = u$. Alle vier Geschwindigkeiten haben also dieselben Beträge. An dem **Impulssatz** in Σ',

$$m(u)\boldsymbol{u} - m(u)\boldsymbol{u} = m(u)\,(\boldsymbol{v}'_c + \boldsymbol{v}'_d)\ ,$$

lesen wir noch

$$\boldsymbol{v}'_c = -\boldsymbol{v}'_d$$

ab. Dies ergibt mit den in der Abb. 2.1 benutzten Bezeichnungen:

$$\boldsymbol{v}'_a = (0, 0, u)\,; \quad \boldsymbol{v}'_b = (0, 0, -u)\ ,$$
$$\boldsymbol{v}'_c = (u\sin\alpha, 0, u\cos\alpha)\,; \quad \boldsymbol{v}'_d = (-u\sin\alpha, 0, -u\cos\alpha)\ .$$

Der Winkel α bleibt unbestimmt.

Wir stellen jetzt die analogen Überlegungen für das Inertialsystem Σ an, das sich gegenüber Σ' mit der Geschwindigkeit $(-\boldsymbol{u})$ bewegt. Für die Teilchengeschwindigkeiten in Σ benutzen wir die Transformationsformeln (1.39) bis (1.41):

$$\begin{aligned}
\boldsymbol{v}_a &= \left(0, 0, \frac{2u}{1+\frac{u^2}{c^2}}\right) , \\
\boldsymbol{v}_b &= (0, 0, 0) , \\
\boldsymbol{v}_c &= \left(\frac{1}{\gamma}\frac{u\sin\alpha}{1+\frac{u^2}{c^2}\cos\alpha}, 0, \frac{u(1+\cos\alpha)}{1+\frac{u^2}{c^2}\cos\alpha}\right) , \\
\boldsymbol{v}_d &= \left(\frac{1}{\gamma}\frac{-u\sin\alpha}{1-\frac{u^2}{c^2}\cos\alpha}, 0, \frac{u(1-\cos\alpha)}{1-\frac{u^2}{c^2}\cos\alpha}\right) , \\
\gamma &= \left(1-\frac{u^2}{c^2}\right)^{-(1/2)} .
\end{aligned}$$

Der Impulssatz, den wir für Σ' bereits ausgenutzt haben und der ja nach Voraussetzung in allen Inertialsystemen gültig ist,

$$m(v_a)\,\boldsymbol{v}_a + m(v_b)\,\boldsymbol{v}_b = m(v_c)\,\boldsymbol{v}_c + m(v_d)\,\boldsymbol{v}_d ,$$

muss für jede Komponente erfüllt sein, also insbesondere für die x-Komponente:

$$0 = \frac{u}{\gamma}\left(m(v_c)\frac{\sin\alpha}{1+\frac{u^2}{c^2}\cos\alpha} - m(v_d)\frac{\sin\alpha}{1-\frac{u^2}{c^2}\cos\alpha}\right) .$$

Daraus folgt:

$$m(v_c) = \frac{1+\frac{u^2}{c^2}\cos\alpha}{1-\frac{u^2}{c^2}\cos\alpha}\, m(v_d) . \tag{2.69}$$

Diese Formel muss für **alle** Streuwinkel α richtig sein, also auch für $\alpha \to 0$. In diesem Spezialfall sind aber

$$\boldsymbol{v}_c \approx \boldsymbol{v}_a \quad \text{und} \quad \boldsymbol{v}_d \approx 0 ,$$

sodass aus (2.69)

$$m(v_a) = \frac{1+\frac{u^2}{c^2}}{1-\frac{u^2}{c^2}} m(0) \tag{2.70}$$

wird. Den Vorfaktor formen wir noch etwas um:

$$\left(\frac{1-\frac{u^2}{c^2}}{1+\frac{u^2}{c^2}}\right)^2 = \frac{\left(1+\frac{u^2}{c^2}\right)^2 - 4\frac{u^2}{c^2}}{\left(1+\frac{u^2}{c^2}\right)^2} = 1 - \frac{1}{c^2}\frac{4u^2}{\left(1+\frac{u^2}{c^2}\right)^2} = 1 - \frac{v_a^2}{c^2} = \frac{1}{\gamma_a^2} .$$

Dies ergibt in (2.70) $m(v_a) = \gamma_a m(0)$. Wir können nun den Index a weglassen und $m(0) = m$ setzen, der Randbedingung (2.68) entsprechend:

$$m(v) = \frac{m}{\sqrt{1 - v^2/c^2}} \,. \tag{2.71}$$

Das ist exakt das frühere Ergebnis (2.59). Durch Einsetzen dieser Beziehung in den Ansatz (2.67) erhalten wir den gesuchten relativistischen Impuls eines Teilchens der Masse m und der Geschwindigkeit $\boldsymbol{v}$:

$$\boldsymbol{p}_\mathrm{r} = \frac{m}{\sqrt{1 - v^2/c^2}} \boldsymbol{v} \,. \tag{2.72}$$

Das ist in der Tat der vorher durch Analogieschlüsse gewonnene Ausdruck (2.58).

Wir wollen nun noch über die Theorie des elastischen Stoßes der beiden identischen Teilchen die kinetische Energie $T_\mathrm{r} = \varepsilon(v)$ bestimmen. Im Inertialsystem Σ gilt, da das Teilchen b vor dem Stoß *ruht*:

$$\varepsilon(v_a) + \varepsilon(0) = \varepsilon(v_c) + \varepsilon(v_d) \,.$$

Wir untersuchen wiederum den Fall $\alpha \to 0$, wovon lediglich die rechte Seite der Energiegleichung betroffen ist. Dort gehen nur die Beträge der Geschwindigkeiten $\boldsymbol{v}_c$ und $\boldsymbol{v}_d$ ein, für die gilt:

$$v_c = \frac{1}{1 + \frac{u^2}{c^2}\cos\alpha} \sqrt{\frac{u^2}{\gamma^2}\sin^2\alpha + u^2(1 + \cos\alpha)^2}$$

$$v_d = \frac{1}{1 - \frac{u^2}{c^2}\cos\alpha} \sqrt{\frac{u^2}{\gamma^2}\sin^2\alpha + u^2(1 - \cos\alpha)^2}$$

Man erkennt, dass v_c und v_d gerade Funktionen von α sind. Reihenentwicklungen nach Potenzen von α, die für $\alpha \to 0$ sicher konvergieren, enthalten ausschließlich gerade Potenzen von α. Das überträgt sich auf die Energien $\varepsilon(v_c)$ und $\varepsilon(v_d)$, die wir deshalb nach Potenzen von α^2 entwickeln können:

$$\begin{aligned}\varepsilon(v_a) + \varepsilon(0) = {} & \varepsilon(v_c)\big|_{\alpha=0} + \alpha^2 \left(\frac{\mathrm{d}\varepsilon(v_c)}{\mathrm{d}v_c^2}\frac{\mathrm{d}v_c^2}{\mathrm{d}\alpha^2}\right)\bigg|_{\alpha=0} \\ & + \varepsilon(v_d)\big|_{\alpha=0} + \alpha^2 \left(\frac{\mathrm{d}\varepsilon(v_d)}{\mathrm{d}v_d^2}\frac{\mathrm{d}v_d^2}{\mathrm{d}\alpha^2}\right)\bigg|_{\alpha=0} + 0\left(\alpha^4\right) \,.\end{aligned}$$

Wegen

$$\boldsymbol{v}_c^2(\alpha = 0) = \boldsymbol{v}_a^2 \,; \quad \boldsymbol{v}_d^2(\alpha = 0) = \boldsymbol{v}_b^2 = 0$$

bleibt zu analysieren:

$$0 \stackrel{!}{=} \left(\frac{\mathrm{d}\varepsilon(v_c)}{\mathrm{d}v_c^2}\frac{\mathrm{d}v_c^2}{\mathrm{d}\alpha^2}\right)\bigg|_{\alpha=0} + \left(\frac{\mathrm{d}\varepsilon(v_d)}{\mathrm{d}v_d^2}\frac{\mathrm{d}v_d^2}{\mathrm{d}\alpha^2}\right)\bigg|_{\alpha=0} \,.$$

Wir können schließlich noch die Randbedingung (2.68) ausnutzen:

$$0 = \frac{d\varepsilon\left(v_a\right)}{dv_a^2}\left(\frac{dv_c^2}{d\alpha^2}\right)_{\alpha=0} + \frac{m}{2}\left(\frac{dv_d^2}{d\alpha^2}\right)_{\alpha=0} . \tag{2.73}$$

Um weiter zu kommen, müssen wir nun die Geschwindigkeitsquadrate v_c^2 und v_d^2 nach Potenzen von α^2 entwickeln:

$$\begin{aligned}
v_d^2 &= \left(1 - \frac{u^2}{c^2}\cos\alpha\right)^{-2}\left[\frac{u^2}{\gamma^2}\sin^2\alpha + u^2(1-\cos\alpha)^2\right] \\
&= \left(1 - \frac{u^2}{c^2} + \frac{1}{2}\frac{u^2}{c^2}\alpha^2 + 0\left(\alpha^4\right)\right)^{-2}\left(\frac{u^2}{\gamma^2}\alpha^2 + 0\left(\alpha^4\right)\right) \\
&= \gamma^4\left(1 + \frac{1}{2}\frac{u^2}{c^2}\alpha^2\gamma^2 + 0\left(\alpha^4\right)\right)^{-2}\left(\frac{u^2}{\gamma^2}\alpha^2 + 0\left(\alpha^4\right)\right) \\
&= \gamma^4\left(1 - \frac{u^2}{c^2}\alpha^2\gamma^2 + 0\left(\alpha^4\right)\right)\left(\frac{u^2}{\gamma^2}\alpha^2 + 0\left(\alpha^4\right)\right) \\
&= \gamma^2 u^2\alpha^2 + 0\left(\alpha^4\right) .
\end{aligned}$$

Daraus folgt:

$$\left(\frac{dv_d^2}{d\alpha^2}\right)_{\alpha=0} = \gamma^2 u^2 = \frac{u^2}{1 - \frac{u^2}{c^2}} . \tag{2.74}$$

Wir haben für die obige Entwicklung

$$(1+x)^{n/m} = 1 + \frac{n}{m}x + 0\left(x^2\right) \tag{2.75}$$

benutzt. Diese Formel hilft uns auch bei der Entwicklung von v_c^2:

$$\begin{aligned}
v_c^2 &= \left(1 + \frac{u^2}{c^2}\cos\alpha\right)^{-2}\left[\frac{u^2}{\gamma^2}\sin^2\alpha + u^2(1+\cos\alpha)^2\right] \\
&= \left(1 + \frac{u^2}{c^2} - \frac{1}{2}\frac{u^2}{c^2}\alpha^2 + 0\left(\alpha^4\right)\right)^{-2}\left[\frac{u^2}{\gamma^2}\alpha^2 + u^2\left(2 - \frac{1}{2}\alpha^2\right)^2 + 0\left(\alpha^4\right)\right] \\
&= \left(1 + \frac{u^2}{c^2}\right)^{-2}\left(1 - \frac{1}{2}\frac{u^2}{c^2}\frac{\alpha^2}{1+\frac{u^2}{c^2}} + 0\left(\alpha^4\right)\right)^{-2} \\
&\quad \cdot\left(\frac{u^2}{\gamma^2}\alpha^2 + 4u^2 - 2\alpha^2u^2 + 0\left(\alpha^4\right)\right) \\
&= \frac{v_a^2}{4u^2}\left(1 + \frac{u^2}{c^2}\frac{\alpha^2 v_a}{2u} + 0\left(\alpha^4\right)\right)\left[4u^2 + u^2\alpha^2\left(\frac{1}{\gamma^2} - 2\right) + 0\left(\alpha^4\right)\right] \\
&= \frac{v_a^2}{4u^2}\left\{4u^2 + \alpha^2\left[\frac{2u^3}{c^2}v_a + u^2\left(\frac{1}{\gamma^2} - 2\right)\right] + 0\left(\alpha^4\right)\right\} .
\end{aligned}$$

Dies führt zu:

$$\left(\frac{\mathrm{d}v_c^2}{\mathrm{d}\alpha^2}\right)_{\alpha=0} = \frac{1}{4}v_a^2\left(\frac{2u}{c^2}v_a + \frac{1}{\gamma^2} - 2\right) = \frac{1}{4}v_a^2\left(\frac{4\frac{u^2}{c^2}}{1+\frac{u^2}{c^2}} - \frac{u^2}{c^2} - 1\right)$$

$$= -\frac{1}{4}v_a^2\frac{\left(1-\frac{u^2}{c^2}\right)^2}{1+\frac{u^2}{c^2}} = -\frac{1}{4}v_a^2\left(1+\frac{u^2}{c^2}\right)\left(\frac{1-\frac{u^2}{c^2}}{1+\frac{u^2}{c^2}}\right)^2 .$$

Den letzten Faktor haben wir bereits im Zusammenhang mit (2.70) ausgewertet:

$$\left(\frac{\mathrm{d}v_c^2}{\mathrm{d}\alpha^2}\right)_{\alpha=0} = -\frac{1}{4}\frac{v_a^2}{\gamma_a^2}\left(1+\frac{u^2}{c^2}\right) . \tag{2.76}$$

Wir setzen (2.76) und (2.74) in (2.73) ein:

$$\frac{\mathrm{d}\varepsilon\left(v_a\right)}{\mathrm{d}v_a^2} = \frac{m}{2}\frac{u^2}{1-\frac{u^2}{c^2}}\frac{4\gamma_a^2}{v_a^2\left(1+\frac{u^2}{c^2}\right)} = \frac{m}{2}\gamma_a^2\frac{1+\frac{u^2}{c^2}}{1-\frac{u^2}{c^2}}$$

$$= \frac{m}{2}\gamma_a^3 = m\,c^2\frac{\mathrm{d}}{\mathrm{d}v_a^2}\left(1-\frac{v_a^2}{c^2}\right)^{-1/2} .$$

Wenn wir diesen Ausdruck integrieren und fortan den Index a weglassen, so bleibt:

$$T_\mathrm{r} = \varepsilon(v) = \frac{m\,c^2}{\sqrt{1-v^2/c^2}} + d . \tag{2.77}$$

Bis auf die Konstante d,

$$d = \varepsilon(0) - m\,c^2 , \tag{2.78}$$

haben wir durch die Analyse des elastischen Stoßes zweier identischer Teilchen die im letzten Abschnitt mehr oder weniger durch Analogieschlüsse gewonnene relativistische Energie des freien Teilchens (2.54) reproduzieren können. Wir werden am Ende dieses Abschnitts explizit beweisen, dass $d = 0$ ist, so dass

$$\varepsilon(0) = m\,c^2 \quad (\textit{Ruheenergie}) \tag{2.79}$$

sein muss. Um unnötige Schreibarbeit zu sparen, wollen wir aber bereits jetzt für die folgenden Betrachtungen $d = 0$ setzen.

Gemäß der Beweisführung in diesem Abschnitt wissen wir an dieser Stelle noch nichts von einem Vierer-Vektor p^μ. Es ist also die Frage interessant: Wie verhalten sich Energie T_r und Impuls $\boldsymbol{p}_\mathrm{r}$ bei einer Lorentz-Transformation?

$$\Sigma \xrightarrow{v} \Sigma' ; \qquad \gamma_v = \left(1-\frac{v^2}{c^2}\right)^{-1/2} .$$

In Σ habe das Teilchen die Geschwindigkeit

$$\boldsymbol{u} = \left(u_x, u_y, u_z\right) ,$$

den relativistischen Impuls

$$\boldsymbol{p}_\mathrm{r} = \left(p_{\mathrm{r}x}, p_{\mathrm{r}y}, p_{\mathrm{r}z}\right) = m\,\gamma_u\left(u_x, u_y, u_z\right) , \qquad \gamma_u = \left(1 - \frac{u^2}{c^2}\right)^{-1/2}$$

und die relativistische Energie:

$$T_\mathrm{r} = m\,c^2\gamma_u .$$

Die entsprechenden *gestrichenen* Größen $\boldsymbol{u}', \boldsymbol{p}_\mathrm{r}', T_\mathrm{r}'$ kennzeichnen die Eigenschaften des Teilchens im System Σ'. Für den Übergang $\boldsymbol{u} \to \boldsymbol{u}'$, $\boldsymbol{p}_\mathrm{r} \to \boldsymbol{p}_\mathrm{r}'$ und $T_\mathrm{r} \to T_\mathrm{r}'$ benutzen wir wieder die Transformationsformeln (1.39) bis (1.41):

$$u'_{x,y} = \frac{1}{\gamma_v}\,\frac{u_{x,y}}{1 - \dfrac{v\,u_z}{c^2}} ; \qquad u'_z = \frac{u_z - v}{1 - \dfrac{v\,u_z}{c^2}} .$$

Damit berechnen wir zunächst γ'_u:

$$\begin{aligned}
u'^2 &= \left(1 - \frac{v\,u_z}{c^2}\right)^{-2}\left[\frac{1}{\gamma_v^2}\left(u_x^2 + u_y^2\right) + \left(u_z - v\right)^2\right] \\
&= \left(1 - \frac{v\,u_z}{c^2}\right)^{-2}\left[\left(1 - \frac{v^2}{c^2}\right)\left(u^2 - u_z^2\right) + u_z^2 + v^2 - 2v\,u_z\right] \\
&= \frac{c^2}{\left(c - \dfrac{v\,u_z}{c}\right)^2}\left(u^2 - \frac{v^2u^2}{c^2} + \frac{v^2u_z^2}{c^2} + v^2 - 2v\,u_z\right) \\
&= \frac{c^2}{\left(c - \dfrac{v\,u_z}{c}\right)^2}\left[\frac{u^2}{\gamma_v^2} + \left(c - \frac{v\,u_z}{c}\right)^2 - \frac{c^2}{\gamma_v^2}\right] \\
&= c^2 + \frac{1}{\left(1 - \dfrac{v\,u_z}{c^2}\right)^2}\,\frac{1}{\gamma_v^2}\left(u^2 - c^2\right) .
\end{aligned}$$

Daraus folgt über

$$1 - \frac{u'^2}{c^2} = \frac{1}{\left(1 - \dfrac{v\,u_z}{c^2}\right)^2}\,\frac{1}{\gamma_v^2}\,\frac{1}{\gamma_u^2}$$

der gewünschte Ausdruck für γ'_u:

$$\gamma'_u = \gamma_u\gamma_v\left(1 - \frac{v\,u_z}{c^2}\right) . \tag{2.80}$$

Damit sind nun die transformierten Impulse leicht bestimmbar:

$$\begin{aligned}
p'_{\mathrm{r}x,y} &= m\,\gamma'_u u'_{x,y} = m\,\gamma_u\gamma_v\left(1-\frac{v\,u_z}{c^2}\right)\frac{1}{\gamma_v}\frac{u_{x,y}}{1-\dfrac{v\,u_z}{c^2}} \\
&= m\,\gamma_u u_{x,y} = p_{\mathrm{r}x,y}\,, \\
p'_{\mathrm{r}z} &= m\,\gamma'_u u'_z = m\,\gamma_u\gamma_v\left(1-\frac{v\,u_z}{c^2}\right)\frac{u_z-v}{1-\dfrac{v\,u_z}{c^2}} \\
&= \gamma_v\left(m\,\gamma_u u_z - m\,\gamma_u v\right) = \gamma_v\left(p_{\mathrm{r}z} - v\frac{T_{\mathrm{r}}}{c^2}\right)\,.
\end{aligned}$$

Ebenso leicht finden wir mit (2.80) die transformierte Energie:

$$\begin{aligned}
T'_{\mathrm{r}} &= m\,c^2\gamma'_u = m\,c^2\gamma_u\gamma_v\left(1-\frac{v\,u_z}{c^2}\right) \\
&= \gamma_v\left(m\,c^2\gamma_u - m\,\gamma_u u_z v\right) = \gamma_v\left(T_{\mathrm{r}} - v\,p_{\mathrm{r}z}\right)\,.
\end{aligned}$$

Wir stellen die Ergebnisse zusammen:

$$\begin{aligned}
\frac{T'_{\mathrm{r}}}{c} &= \gamma_v\left(\frac{T_{\mathrm{r}}}{c} - \beta\,p_{\mathrm{r}z}\right) \\
p'_{\mathrm{r}x} &= p_{\mathrm{r}x}\,, \\
p'_{\mathrm{r}y} &= p_{\mathrm{r}y}\,, \\
p'_{\mathrm{r}z} &= \gamma_v\left(p_{\mathrm{r}z} - \beta\frac{T_{\mathrm{r}}}{c}\right)\,.
\end{aligned} \tag{2.81}$$

Fassen wir diese vier Größen als Komponenten des Vektors p^{μ} auf, so erkennen wir, dass sie sich wie die Komponenten eines kontravarianten Vierer-Vektors transformieren:

$$\begin{aligned}
p^{\mu} &= \left(p^0, p^1, p^2, p^3\right) = \left(\frac{T_{\mathrm{r}}}{c}, p_{\mathrm{r}x}, p_{\mathrm{r}y}, p_{\mathrm{r}z}\right) \\
&= \gamma_u m\left(c, u_x, u_y, u_z\right) = m\,u^{\mu}\,.
\end{aligned} \tag{2.82}$$

Für die Komponenten des transformierten Vierer-Vektors $p^{\mu\prime}$ gilt nämlich mit (2.16) und (2.81):

$$p^{\mu\prime} = L_{\mu\lambda}\,p^{\lambda}\,. \tag{2.83}$$

Dies ist aber die Definitionsgleichung (2.3) für einen kontravarianten Vierer-Vektor. – Wir haben damit den Vierer-Vektor *Welt-Impuls*, den wir bereits in (2.57) über Analogieschlüsse eingeführt hatten, nun explizit abgeleitet.

Der nächste Programmpunkt betrifft die **Transformation der Kräfte**. Für die Raumkomponenten benötigen wir die zeitliche Ableitung der relativistischen Impulse:

$$\boldsymbol{F} = \frac{\mathrm{d}}{\mathrm{d}t}\boldsymbol{p}_{\mathrm{r}}\,;\quad \boldsymbol{F}' = \frac{\mathrm{d}}{\mathrm{d}t'}\boldsymbol{p}'_{\mathrm{r}}\,.$$

$\boldsymbol{u}$ und $\boldsymbol{u}'$ seien weiterhin die Teilchengeschwindigkeiten in Σ bzw. Σ', wobei sich Σ' relativ zu Σ mit der Geschwindigkeit v parallel zur z-Achse bewegt. Die Zeit transformiert sich gemäß (1.21):

$$t' = \gamma_v \left(t - \frac{v}{c^2} z \right) .$$

Dies bedeutet für das Zeitdifferential $\mathrm{d}t'$, wenn wir noch (2.80) ausnutzen:

$$\mathrm{d}t' = \gamma_v \, \mathrm{d}t \left(1 - \frac{v\, u_z}{c^2} \right) = \frac{\gamma'_u}{\gamma_u} \mathrm{d}t .$$

Daran lesen wir

$$\frac{\mathrm{d}}{\mathrm{d}t'} \equiv \frac{\gamma_u}{\gamma'_u} \frac{\mathrm{d}}{\mathrm{d}t} \tag{2.84}$$

ab, was uns unmittelbar auf die transformierten Kräfte führt:

$$F'_x = \frac{\mathrm{d}}{\mathrm{d}t'} p'_{\mathrm{r}x} = \frac{\gamma_u}{\gamma'_u} \frac{\mathrm{d}}{\mathrm{d}t} p_{\mathrm{r}x} = \frac{\gamma_u}{\gamma'_u} F_x .$$

Dabei haben wir aus (2.81) $p'_{\mathrm{r}x} = p_{\mathrm{r}x}$ übernommen. Ganz analog ergibt sich die y-Komponente der Kraft:

$$\gamma'_u F'_x = \gamma_u F_x ; \quad \gamma'_u F'_y = \gamma_u F_y \tag{2.85}$$

Für die z-Komponente gilt:

$$F'_z = \frac{\mathrm{d}}{\mathrm{d}t'} p'_{\mathrm{r}z} = \frac{\gamma_u}{\gamma'_u} \frac{\mathrm{d}}{\mathrm{d}t} \left[\gamma_v \left(p_{\mathrm{r}z} - \beta \frac{T_\mathrm{r}}{c} \right) \right] .$$

Daraus folgt mit (2.53):

$$\gamma'_u F'_z = \gamma_v \left(\gamma_u F_z - \beta \, \gamma_u \frac{\boldsymbol{F} \cdot \boldsymbol{u}}{c} \right) . \tag{2.86}$$

Schließlich bleibt noch:

$$\left(\frac{\boldsymbol{F} \cdot \boldsymbol{u}}{c} \right)' = \frac{\mathrm{d}}{\mathrm{d}t'} \frac{T'_\mathrm{r}}{c} = \frac{\gamma_u}{\gamma'_u} \frac{\mathrm{d}}{\mathrm{d}t} \left[\gamma_v \left(\frac{T_\mathrm{r}}{c} - \beta \, p_{\mathrm{r}z} \right) \right] .$$

Daran lesen wir ab:

$$\gamma'_u \left(\frac{\boldsymbol{F} \cdot \boldsymbol{u}}{c} \right)' = \gamma_v \left[\gamma_u \left(\frac{\boldsymbol{F} \cdot \boldsymbol{u}}{c} \right) - \beta \, \gamma_u F_z \right] . \tag{2.87}$$

Wenn wir nun definieren,

$$\begin{aligned} K^0 &= \gamma_u \frac{\boldsymbol{F} \cdot \boldsymbol{u}}{c} , \\ K^1 &= \gamma_u F_x , \\ K^2 &= \gamma_u F_y , \\ K^3 &= \gamma_u F_z , \end{aligned} \tag{2.88}$$

Kapitel 2

dann gilt nach (2.85) bis (2.87):

$$K^{0'} = \gamma_v \left(K^0 - \beta K^3 \right) \; ; \quad K^{1'} = K^1 \; ; \quad K^{2'} = K^2 \; ;$$
$$K^{3'} = \gamma_v \left(K^3 - \beta K^0 \right) \; . \tag{2.89}$$

Das sind aber wieder die Transformationsformeln,

$$K^{\mu'} = L_{\mu\lambda} K^\lambda \; , \tag{2.90}$$

eines kontravarianten Vierer-Vektors:

$$\textbf{Minkowski-Kraft} : K^\mu \equiv \left(K^0, K^1, K^2, K^3 \right) \; . \tag{2.91}$$

Mit (2.38),

$$\frac{\mathrm{d}}{\mathrm{d}\tau} = \gamma_u \frac{\mathrm{d}}{\mathrm{d}t} \qquad (\tau = \text{Eigenzeit}) \; , \tag{2.92}$$

folgt unmittelbar die Kraftgleichung (2.43):

$$K^\mu \equiv \frac{\mathrm{d}}{\mathrm{d}\tau} p^\mu = m \frac{\mathrm{d}}{\mathrm{d}\tau} u^\mu \; . \tag{2.93}$$

Damit sind sämtliche Beziehungen des Abschn. 2.2.2 durch Diskussion des Stoßprozesses explizit verifiziert.

Ein letzter Programmpunkt bleibt noch abzuarbeiten. Wir haben noch zu beweisen, dass die Integrationskonstante d in (2.77) tatsächlich, wie in (2.79) behauptet, verschwindet. In allen anschließend abgeleiteten Beziehungen ist nämlich eigentlich T_r durch $T_\mathrm{r} - d$ zu ersetzen.

Wir definieren über den Stoßprozess einen neuen Vierer-Vektor

$$\Delta p^\mu = \left(\Delta p^0, \Delta \boldsymbol{p}_\mathrm{r} \right) \; , \tag{2.94}$$

wobei

$$\Delta \boldsymbol{p}_\mathrm{r} = \sum_i \boldsymbol{p}_\mathrm{r}^{(i)} - \sum_f \boldsymbol{p}_\mathrm{r}^{(f)} \tag{2.95}$$

die Differenz der Summe der relativistischen Anfangsimpulse (*i* für *initial*) und der Summe der Endimpulse (*f* für *final*) darstellt. Δp^0 ist der entsprechende Ausdruck für die Zeitkomponenten:

$$\Delta p^0 = \sum_i \left(p^0\right)^{(i)} - \sum_f \left(p^0\right)^{(f)} \; . \tag{2.96}$$

Δp^μ ist deshalb ein kontravarianter Vierer-Vektor, weil alle beteiligten p^μ kontravariante Vierer-Vektoren sind. (2.95) nimmt als in allen Inertialsystemen gültiger Impulssatz eine sehr einfache Gestalt an:

$$\Delta \boldsymbol{p}_\mathrm{r} = 0 \; . \tag{2.97}$$

Das hat unmittelbar auch

$$\Delta p^0 = 0 \tag{2.98}$$

für alle Inertialsysteme zur Folge. Aus $\Delta p^{3\prime} = \gamma(\Delta p^3 - \beta\,\Delta p^0)$ ergibt sich wegen (2.97) $0 = -\gamma\,\beta\,\Delta p^0$ und damit (2.98). – Δp^μ ist also der Vierer-Nullvektor:

$$0 \stackrel{!}{=} c\,\Delta p^0 = \sum_i (T_r)^{(i)} - \sum_f (T_r)^{(f)} - \sum_i \left(\varepsilon(0) - m\,c^2\right)^{(i)} + \sum_f \left(\varepsilon(0) - m\,c^2\right)^{(f)} \,.$$

Die ersten beiden Summanden heben sich auf, da auch der Energiesatz nach Voraussetzung in allen Inertialsystemen gültig sein soll. Es bleibt damit:

$$\sum_f \left(\varepsilon(0) - m\,c^2\right)^{(f)} \stackrel{!}{=} \sum_i \left(\varepsilon(0) - m\,c^2\right)^{(i)} \,. \tag{2.99}$$

Diese Beziehung sollte für beliebige Stoßprozesse, z. B. mit unterschiedlichen Teilchenzahlen und Teilchentypen (Teilchenumwandlung) vorher und nachher, erfüllt sein. Das ist aber nur möglich, wenn generell

$$\varepsilon(0) = m\,c^2$$

angenommen wird. Dies bedeutet, dass die Konstante d wirklich Null ist. Die relativistische kinetische Energie T_r hat also in der Tat die Gestalt (2.54).

2.3 Kovariante Formulierung der Elektrodynamik

Wir haben im vorigen Abschnitt erkennen können, dass die Abweichungen der relativistischen Mechanik von der *vertrauten* Newton-Mechanik besonders drastisch werden, wenn die Geschwindigkeiten mit der Lichtgeschwindigkeit vergleichbar werden. Es ist deshalb durchaus als Überraschung zu werten, dass die

Maxwell-Gleichungen der Elektrodynamik auch bei hohen Geschwindigkeiten **unverändert** gültig bleiben!

Sie sind nämlich bereits forminvariant gegenüber Lorentz-Transformationen, was wir in diesem Abschnitt durch Umschreiben auf Vierer-Tensoren explizit demonstrieren werden. Für die Newton-Mechanik war dieses Umschreiben nur durch Neudefinieren einiger physikalischer Begriffe wie Impuls, Energie und Kraft möglich, die lediglich in der Grenze $v \ll c$ die aus Band 1 bekannten nicht relativistischen Gestalten annehmen. Ein solches Neudefinieren ist in der Elektrodynamik nicht notwendig. In der vierdimensionalen Formulierung sind die Maxwell-Gleichungen besonders einfach und symmetrisch. Sie zeigen dann insbesondere die enge Korrelation zwischen elektrischen und magnetischen Feldern, die für ein vertieftes Verständnis elektromagnetischer Vorgänge von besonderer Bedeutung ist. Was in dem einen Inertialsystem als Magnetfeld erscheint, manifestiert sich in einem anderen Inertialsystem als elektrisches Feld und umgekehrt.

2.3.1 Kontinuitätsgleichung

Die experimentelle Beobachtung lehrt uns, dass die

- elektrische Ladung q eine Lorentz-Invariante

ist. Es gibt keinerlei Hinweise darauf, dass die Ladung eines Teilchens von dessen Geschwindigkeit abhängt. Dies gilt jedoch nicht für Größen wie die

- Ladungsdichte ρ

oder die

- Stromdichte $\boldsymbol{j} = \rho\, \boldsymbol{v}$.

Der Grund ist einleuchtend und hängt letztlich mit der Längenkontraktion zusammen.

Σ_0 sei ein (mitbewegtes) Inertialsystem, in dem die betrachtete Ladung ruht:

$$dq = \rho_0\, dV_0 \,.$$

ρ_0 ist also die mitbewegte Ladungsdichte.

Σ sei ein anderes Inertialsystem, das sich relativ zu Σ_0 mit der Geschwindigkeit $\boldsymbol{v}$ parallel zur z-Achse bewegt. Da sich die Ladungsmenge im vorgegebenen Volumenelement nicht geändert haben kann, können wir ansetzen:

$$dq = \rho\, dV \,.$$

Für das Volumenelement dV gilt mit der Längenkontraktion (1.28):

$$dV = dx\, dy\, dz = dx_0\, dy_0\, dz_0 \sqrt{1 - v^2/c^2} = \frac{1}{\gamma} dV_0 \,.$$

Aus $\rho\, dV = \rho_0\, dV_0$ folgt dann für die Ladungsdichte, wie sie von Σ aus gesehen wird:

$$\rho = \rho_0\, \gamma \,. \tag{2.100}$$

In ihrer Bedeutung als *Ruheladungsdichte* ist ρ_0 eine Lorentz-Invariante. Die Ladungsdichte ρ bewirkt in Σ eine Stromdichte $\boldsymbol{j}$:

$$\boldsymbol{j} = \gamma\,\rho_0\,\boldsymbol{v}\,. \tag{2.101}$$

An den Gleichungen (2.100) und (2.101) erkennt man einen kontravarianten Vierer-Vektor, die so genannte

Vierer-Stromdichte

$$j^\mu = \left(c\rho, j_x, j_y, j_z\right) \equiv (c\rho, \boldsymbol{j}) = \gamma\,\rho_0(c, \boldsymbol{v}) = \rho_0\,u^\mu\,. \tag{2.102}$$

Dass es sich um einen kontravarianten Vierer-Vektor handelt, folgt aus der Tatsache, dass ρ_0 ein Vierer-Skalar ist. j^μ transformiert sich also wie die Welt-Geschwindigkeit u^μ, von der wir bereits wissen, dass sie ein solcher kontravarianter Vierer-Vektor ist. Wir machen trotzdem die Probe.

Im Ruhesystem Σ_0 der Ladung gilt:

$$\boldsymbol{j}_0 = \rho_0\,\boldsymbol{v}_0 = \boldsymbol{0}\,; \quad j_0^0 = c\,\rho_0 \quad \longrightarrow \quad j_0^\mu = (c\rho_0, 0, 0, 0)\,.$$

Die Lorentz-Transformation (1.16) liefert dann für die Komponenten der Vierer-Stromdichte in Σ:

$$\begin{aligned}
j^0 &= c\rho = \gamma\,j_0^0 - \beta\gamma\,j_0^3 = c\,\gamma\rho_0\,,\\
j^1 &= j_x = j_{0x} = 0\,,\\
j^2 &= j_y = j_{0y} = 0\,,\\
j^3 &= j_z = -\beta\gamma\,j_0^0 + \gamma\,j_0^3 = -\gamma\,\rho_0\,v = -\rho v\,.
\end{aligned}$$

Das ist offensichtlich das korrekte Ergebnis, wenn man bedenkt, dass $\boldsymbol{v} = (0, 0, -v)$ die Geschwindigkeit der Ladung in Σ ist. Wir betrachten nun die **Kontinuitätsgleichung** (s. (2.10), Bd. 3):

$$\frac{\partial\rho}{\partial t} + \operatorname{div}\boldsymbol{j} = 0\,.$$

Wir erkennen in der linken Seite die Divergenz des Vierer-Vektors. Nach (2.32) gilt nämlich:

$$\partial_\mu j^\mu = \frac{1}{c}\frac{\partial}{\partial t}j^0 + \operatorname{div}\boldsymbol{j} = \operatorname{div}\boldsymbol{j} + \frac{\partial}{\partial t}\rho\,.$$

Die Kontinuitätsgleichung schreibt sich also kurz:

$$\partial_\mu j^\mu = 0 \; . \qquad (2.103)$$

Beide Seiten der Gleichung sind Vierer-Skalare. Die Kontinuitätsgleichung ist demnach lorentzinvariant.

2.3.2 Elektromagnetische Potentiale

Wir diskutieren nun die Wellengleichungen der elektromagnetischen Potentiale,

$$\varphi(\boldsymbol{r}, t): \text{ skalares Potential}\,; \quad \boldsymbol{A}(\boldsymbol{r}, t): \text{ Vektorpotential}\,,$$

und wiederholen dazu einige Überlegungen aus Abschn. 4.1.3, Bd. 3. Wir wollen auch hier das Maßsystem SI verwenden, obwohl das Gauß'sche System der Speziellen Relativitätstheorie eigentlich besser angepasst ist. Die **Maxwell-Gleichungen** lassen sich bekanntlich in zwei homogene und zwei inhomogene Differentialgleichungen gruppieren:

$$\begin{aligned}
\text{homogen:} \quad & \operatorname{div} \boldsymbol{B} &&= \boldsymbol{0}\,, \\
& \operatorname{rot} \boldsymbol{E} + \dot{\boldsymbol{B}} &&= \boldsymbol{0}\,, \\
\text{inhomogen:} \quad & \operatorname{div} \boldsymbol{D} &&= \rho\,, \\
& \operatorname{rot} \boldsymbol{H} - \dot{\boldsymbol{D}} &&= \boldsymbol{j}\,.
\end{aligned}$$

Wir beschränken unsere Betrachtungen auf das Vakuum, in dem

$$\boldsymbol{D} = \varepsilon_0 \boldsymbol{E}\,; \quad \boldsymbol{B} = \mu_0 \boldsymbol{H}$$

gesetzt werden muss. Das Vektorpotential ist durch den Ansatz ((3.34), Bd. 3),

$$\boldsymbol{B} = \operatorname{rot} \boldsymbol{A}\,,$$

definiert. Aus der zweiten homogenen Maxwell-Gleichung folgt dann

$$\operatorname{rot}\left(\boldsymbol{E} + \dot{\boldsymbol{A}}\right) = \boldsymbol{0}\,,$$

was zu dem folgenden Ansatz für das elektrische Feld $\boldsymbol{E}$ führt:

$$\boldsymbol{E} = -\operatorname{grad} \varphi - \dot{\boldsymbol{A}} \qquad ((4.21), \text{Bd. } 3)\,.$$

φ und $\boldsymbol{A}$ sind dadurch nicht eindeutig bestimmt. Man hat noch eine Funktion $\chi(\boldsymbol{r}, t)$ frei, falls diese so gewählt wird, dass

$$\varphi \to \varphi - \dot{\chi}\,; \quad \boldsymbol{A} \to \boldsymbol{A} + \operatorname{grad}\chi$$

gewährleistet ist ((4.22) und (4.23), Bd. 3). Wegen $\operatorname{rot}\operatorname{grad}\chi = 0$ ändert diese **Eichtransformation** die Felder $\boldsymbol{E}$ und $\boldsymbol{B}$ nicht. Man kann sie also nach Zweckmäßigkeitsgesichtspunkten festlegen. Durch Einführung der elektromagnetischen Potentiale φ und $\boldsymbol{A}$ sind die homogenen Maxwell-Gleichungen automatisch erfüllt. Die beiden inhomogenen Gleichungen werden zu Differentialgleichungen zweiter Ordnung für die Potentiale φ und $\boldsymbol{A}$. Diese wiederum nehmen eine besonders symmetrische Gestalt an, wenn man die Eichfunktion $\chi(\boldsymbol{r}, t)$ so wählt, dass die

Lorenz-Bedingung

$$\operatorname{div}\boldsymbol{A} + \frac{1}{c^2}\dot{\varphi} = \operatorname{div}\boldsymbol{A} + \frac{1}{c}\frac{\partial}{\partial t}\left(\frac{1}{c}\varphi\right) = 0 \tag{2.104}$$

erfüllt ist (s. (4.37), Bd. 3). Mit $c = (\mu_0\varepsilon_0)^{-1/2}$ bestimmen sich φ und $\boldsymbol{A}$ aus den folgenden

Wellengleichungen

$$\Box\boldsymbol{A} \equiv \left(\Delta - \frac{1}{c^2}\frac{\partial^2}{\partial t^2}\right)\boldsymbol{A} = -\mu_0\boldsymbol{j}\,, \tag{2.105}$$

$$\Box\left(\frac{1}{c}\varphi\right) = \left(\Delta - \frac{1}{c^2}\frac{\partial^2}{\partial t^2}\right)\left(\frac{1}{c}\varphi\right) = -\frac{1}{c}\frac{\rho}{\varepsilon_0} = -\mu_0(c\rho) \tag{2.106}$$

(s. (4.38) und (4.39), Bd. 3). Auf den rechten Seiten dieser Wellengleichungen erkennen wir die Raum- und Zeitkomponenten der Vierer-Stromdichte j^μ. Da der d'Alembert-Operator $\Box$ (2.33) ein skalarer Operator ist, legen die Gleichungen (2.105) und (2.106) die Einführung eines weiteren Vierer-Vektors nahe:

Vierer-Potential

$$A^\mu \equiv \left(\frac{1}{c}\varphi, A_x, A_y, A_z\right) \equiv \left(\frac{1}{c}\varphi, \boldsymbol{A}\right)\,. \tag{2.107}$$

Damit lassen sich die Wellengleichungen für φ und $\boldsymbol{A}$ zu der

Vierer-Wellengleichung

$$\Box A^{\mu} = -\mu_0 j^{\mu} \tag{2.108}$$

zusammenfassen, die kovariant ist, da beide Seiten Vierer-Tensoren derselben, nämlich der ersten Stufe sind.

Die Lorenz-Bedingung (2.104) lässt sich schließlich noch als Vierer-Divergenz (2.32) des Potentials A^{μ} schreiben. Die Beziehung

$$\partial_{\mu} A^{\mu} = \frac{1}{c}\frac{\partial}{\partial t} A^0 + \operatorname{div} \boldsymbol{A}$$

ist offenbar mit der linken Seite von (2.104) identisch. Die

Lorenz-Eichung

$$\partial_{\mu} A^{\mu} \equiv 0 \tag{2.109}$$

ist als Welt-Skalar lorentzinvariant.

2.3.3 Feldstärke-Tensor

Die Feldstärken $\boldsymbol{E}$ und $\boldsymbol{B}$ lassen sich in der relativistischen Elektrodynamik nicht als Vierer-Vektoren schreiben. Wir werden stattdessen für sie einen Vierer-Tensor zweiter Stufe einführen, der die Felder $\boldsymbol{E}$ und $\boldsymbol{B}$ gleichermaßen erfasst. Ausgangspunkt sind wiederum die Zusammenhänge zwischen Feldern und Potentialen:

$$\boldsymbol{B} = \operatorname{rot} \boldsymbol{A} \; ; \quad \boldsymbol{E} = -\operatorname{grad} \varphi - \dot{\boldsymbol{A}} \; .$$

Den Vierer-Gradienten haben wir in Abschn. 2.1.3 eingeführt:

$$\partial_{\mu} = \left(\frac{1}{c}\frac{\partial}{\partial t}, \nabla\right) = (\partial_0, \partial_1, \partial_2, \partial_3) \; , \tag{2.110}$$

$$\partial^{\mu} = \left(\frac{1}{c}\frac{\partial}{\partial t}, -\nabla\right) = \left(\partial^0, \partial^1, \partial^2, \partial^3\right) \; . \tag{2.111}$$

Es gilt offensichtlich:

$$\partial_0 = \partial^0 \; ; \quad \partial_{1,2,3} = -\partial^{1,2,3} \; . \tag{2.112}$$

Damit schreiben wir zunächst das **B**-Feld um:

$$B_x = \frac{\partial}{\partial y} A_z - \frac{\partial}{\partial z} A_y = \partial_2 A^3 - \partial_3 A^2 = -\left(\partial^2 A^3 - \partial^3 A^2\right) \; .$$

Analog ergibt sich für die anderen beiden kartesischen Komponenten:

$$B_y = -\left(\partial^3 A^1 - \partial^1 A^3\right) \; ; \quad B_z = -\left(\partial^1 A^2 - \partial^2 A^1\right) \; .$$

Das **E**-Feld lässt sich ganz ähnlich schreiben:

$$E_x = -\frac{\partial}{\partial x}\varphi - \frac{\partial}{\partial t} A_x = -c\left[\frac{\partial}{\partial x}\left(\frac{1}{c}\varphi\right) + \frac{1}{c}\frac{\partial}{\partial t} A_x\right]$$
$$= c\left(\partial^1 A^0 - \partial^0 A^1\right) \; .$$

Entsprechende Ausdrücke ergeben sich für E_y und E_z:

$$E_y = c\left(\partial^2 A^0 - \partial^0 A^2\right) \; ; \quad E_z = c\left(\partial^3 A^0 - \partial^0 A^3\right) \; .$$

Wir führen durch

$$F^{\mu\nu} \equiv \partial^\mu A^\nu - \partial^\nu A^\mu \tag{2.113}$$

einen neuen **Vierer-Tensor zweiter Stufe** ein. Er ist als Tensorprodukt zweier kontravarianter Vierer-Vektoren ebenfalls **kontravariant** und offensichtlich antisymmetrisch:

$$F^{\mu\nu} = -F^{\nu\mu} \; . \tag{2.114}$$

Man kann diesen Tensor als vierdimensionale Verallgemeinerung der Rotation (des Vektors A^μ) auffassen:

Feldstärke-Tensor

$$F^{\mu\nu} \equiv \begin{pmatrix} 0 & -\frac{1}{c}E_x & -\frac{1}{c}E_y & -\frac{1}{c}E_z \\ \frac{1}{c}E_x & 0 & -B_z & B_y \\ \frac{1}{c}E_y & B_z & 0 & -B_x \\ \frac{1}{c}E_z & -B_y & B_x & 0 \end{pmatrix} \; . \tag{2.115}$$

Das elektromagnetische Feld wird im Minkowski-Raum also nicht mehr durch **zwei** Felder, sondern durch **einen** Tensor zweiter Stufe beschrieben. Wir werden im nächsten Abschnitt den Feldstärke-Tensor zur kovarianten Formulierung der Maxwell-Gleichungen benutzen.

Der *kovariante Feldstärke-Tensor* ergibt sich leicht mit Hilfe der allgemeinen Übersetzungsvorschrift (2.26) aus Abschn. 2.1.2:

$$F_{\mu\nu} = \mu_{\mu\alpha}\mu_{\nu\beta}\,F^{\alpha\beta}\,. \tag{2.116}$$

Da der metrische Tensor $\mu_{\alpha\beta}$ in der Speziellen Relativitätstheorie diagonal ist (2.19), folgt einfach:

$$F_{0\nu} = -F^{0\nu}\,;\quad F_{\nu 0} = -F^{\nu 0}\,;\quad F_{\mu\nu} = F^{\mu\nu}\,;\quad \mu\nu \in \{1,2,3\}\,. \tag{2.117}$$

Wir haben in (2.115) also lediglich $\boldsymbol{E}$ durch $-\boldsymbol{E}$ zu ersetzen, um von $F^{\mu\nu}$ zu $F_{\mu\nu}$ zu kommen. Wir erkennen an (2.115) eine wichtige

Invariante des elektromagnetischen Feldes

$$F_{\mu\nu}\,F^{\mu\nu} = 2\left(\boldsymbol{B}^2 - \frac{1}{c^2}\boldsymbol{E}^2\right)\,, \tag{2.118}$$

die als Vierer-Skalar von Lorentz-Transformationen unbeeinflusst bleibt. Man kann offensichtlich nie ein **reines *B***-Feld auf ein **reines *E***-Feld transformieren, da die beiden Terme in (2.118) unterschiedliche Vorzeichen aufweisen. Wir werden auf diese Tatsache später noch einmal zurückkommen.

2.3.4 Maxwell-Gleichungen

Wir wollen jetzt mit Hilfe des Feldstärke-Tensors (2.115) die Maxwell-Gleichungen in explizit kovarianter Form ableiten. Beginnen werden wir mit den **inhomogenen** Gleichungen, die mit $c = (\varepsilon_0\mu_0)^{-(1/2)}$ wie folgt geschrieben werden können:

$$\operatorname{div}\left(\frac{1}{c}\boldsymbol{E}\right) = \mu_0\,c\rho = \mu_0 j^0\,, \tag{2.119}$$

$$\operatorname{rot}\boldsymbol{B} - \frac{1}{c}\frac{\partial}{\partial t}\left(\frac{1}{c}\boldsymbol{E}\right) = \mu_0\boldsymbol{j}\,. \tag{2.120}$$

Auf der rechten Seite dieser Gleichungen erkennen wir die Komponenten des Vierer-Stroms j^μ (2.102). Die linken Seiten sollten deshalb ebenfalls Komponenten eines Vierer-Vektors sein, wenn, wie eingangs behauptet, das System der Maxwell-Gleichungen tatsächlich kovariant ist. Wir versuchen, die linken Seiten durch den Feldstärke-Tensor auszudrücken:

$\boxed{\mu = 0}$

$$\mu_0 j^0 = \operatorname{div}\left(\frac{1}{c}\boldsymbol{E}\right) = \frac{1}{c}\left(\frac{\partial}{\partial x}E_x + \frac{\partial}{\partial y}E_y + \frac{\partial}{\partial z}E_z\right)$$
$$= \partial_1 F^{10} + \partial_2 F^{20} + \partial_3 F^{30} = \partial_\alpha F^{\alpha 0} \,.$$

$\boxed{\mu = 1}$

$$\mu_0 j^1 = \mu_0 j_x = \frac{\partial}{\partial y}B_z - \frac{\partial}{\partial z}B_y + \frac{1}{c}\frac{\partial}{\partial t}\left(-\frac{1}{c}E_x\right)$$
$$= \partial_2 F^{21} + \partial_3 F^{31} + \partial_0 F^{01} = \partial_\alpha F^{\alpha 1} \,.$$

$\boxed{\mu = 2}$

$$\mu_0 j^2 = \mu_0 j_y = \frac{\partial}{\partial z}B_x - \frac{\partial}{\partial x}B_z + \frac{1}{c}\frac{\partial}{\partial t}\left(-\frac{1}{c}E_y\right)$$
$$= \partial_3 F^{32} + \partial_1 F^{12} + \partial_0 F^{02} = \partial_\alpha F^{\alpha 2} \,.$$

$\boxed{\mu = 3}$

$$\mu_0 j^3 = \mu_0 j_z = \frac{\partial}{\partial x}B_y - \frac{\partial}{\partial y}B_x + \frac{1}{c}\frac{\partial}{\partial t}\left(-\frac{1}{c}E_z\right)$$
$$= \partial_1 F^{13} + \partial_2 F^{23} + \partial_0 F^{03} = \partial_\alpha F^{\alpha 3} \,.$$

Diese Beziehungen lassen sich zu einem kompakten Ausdruck zusammenfassen:

inhomogene Maxwell-Gleichungen

$$\partial_\alpha F^{\alpha\beta} = \mu_0 j^\beta \,; \quad \beta = 0, 1, 2, 3 \,. \tag{2.121}$$

Links steht ein *verjüngter* Tensor dritter Stufe, demnach ein Vierer-Vektor wie auf der rechten Seite. Kovarianz ist damit gewährleistet. In dieser Form gelten die inhomogenen Maxwell-Gleichungen in allen Inertialsystemen.

Wir kommen nun zu den **homogenen** Maxwell-Gleichungen:

$$\operatorname{div}\boldsymbol{B} = 0 \,, \tag{2.122}$$

$$\operatorname{rot}\left(\frac{1}{c}\boldsymbol{E}\right) + \frac{1}{c}\frac{\partial}{\partial t}\boldsymbol{B} = 0 \,. \tag{2.123}$$

Für (2.122) können wir mit (2.112) und (2.114) auch schreiben:

$$
\begin{aligned}
0 = \operatorname{div} \boldsymbol{B} &= \frac{\partial}{\partial x} B_x + \frac{\partial}{\partial y} B_y + \frac{\partial}{\partial z} B_z = \partial_1 F^{32} + \partial_2 F^{13} + \partial_3 F^{21} \\
&= \left(\partial^1 F^{23} + \partial^2 F^{31} + \partial^3 F^{12} \right) .
\end{aligned}
$$

Die drei Komponenten der Vektorgleichung (2.123) lassen sich mit (2.112) wie folgt umformen:

$$
\begin{aligned}
0 &= \left(\operatorname{rot} \frac{1}{c} \boldsymbol{E} \right)_x + \frac{1}{c} \frac{\partial}{\partial t} B_x = \frac{\partial}{\partial y} \left(\frac{1}{c} E_z \right) - \frac{\partial}{\partial z} \left(\frac{1}{c} E_y \right) + \frac{1}{c} \frac{\partial}{\partial t} B_x \\
&= \partial_2 F^{30} + \partial_3 F^{02} - \partial_0 F^{23} = - \left(\partial^2 F^{30} + \partial^3 F^{02} + \partial^0 F^{23} \right) , \\
0 &= \left(\operatorname{rot} \frac{1}{c} \boldsymbol{E} \right)_y + \frac{1}{c} \frac{\partial}{\partial t} B_y = \frac{\partial}{\partial z} \left(\frac{1}{c} E_x \right) - \frac{\partial}{\partial x} \left(\frac{1}{c} E_z \right) + \frac{1}{c} \frac{\partial}{\partial t} B_y \\
&= \partial_3 F^{10} + \partial_1 F^{03} - \partial_0 F^{31} = - \left(\partial^3 F^{10} + \partial^1 F^{03} + \partial^0 F^{31} \right) , \\
0 &= \left(\operatorname{rot} \frac{1}{c} \boldsymbol{E} \right)_z + \frac{1}{c} \frac{\partial}{\partial t} B_z = \frac{\partial}{\partial x} \left(\frac{1}{c} E_y \right) - \frac{\partial}{\partial y} \left(\frac{1}{c} E_x \right) + \frac{1}{c} \frac{\partial}{\partial t} B_z \\
&= \partial_1 F^{20} + \partial_2 F^{01} - \partial_0 F^{12} = - \left(\partial^1 F^{20} + \partial^2 F^{01} + \partial^0 F^{12} \right) .
\end{aligned}
$$

Auch diese Gleichungen lassen sich in einem kompakten Ausdruck zusammenfassen:

homogene Maxwell-Gleichungen

$$
\partial^\alpha F^{\beta\gamma} + \partial^\beta F^{\gamma\alpha} + \partial^\gamma F^{\alpha\beta} = 0 , \quad \alpha, \beta, \gamma \text{ beliebig aus } (0, 1, 2, 3) . \tag{2.124}
$$

Alle additiven Terme dieses Ausdrucks, die sich durch zyklische Vertauschung der Indizes α, β, γ voneinander unterscheiden, sind Vierer-Tensoren gleicher Stufe. Die Kovarianz ist somit evident. Sind zwei Indizes in (2.124) gleich, so wird die linke Seite identisch Null. Es folgt zum Beispiel aus $\alpha = \beta$ (2.114):

$$
\partial^\alpha F^{\alpha\gamma} + \partial^\alpha F^{\gamma\alpha} + \partial^\gamma F^{\alpha\alpha} = \partial^\alpha \left(F^{\alpha\gamma} - F^{\alpha\gamma} \right) = 0 .
$$

Interessant sind also nur die Kombinationen $(0, 2, 3)$, $(0, 1, 3)$, $(0, 1, 2)$, $(1, 2, 3)$. Dies sind aber gerade die oben diskutierten vier homogenen Maxwell-Gleichungen.

Das System der Maxwell-Gleichungen lässt sich also in Form von (2.121) und (2.124) durch Vierer-Tensoren sehr knapp und symmetrisch ausdrücken, wobei die Kovarianz bezüglich Lorentz-Transformationen unmittelbar deutlich wird.

Eine noch kompaktere Darstellung der homogenen Maxwell-Gleichungen als (2.124) erreicht man durch Einführung des so genannten **dualen Feldstärke-Tensors**:

$$\overline{F}^{\mu\nu} = \frac{1}{2}\varepsilon^{\mu\nu\rho\sigma}F_{\rho\sigma} . \tag{2.125}$$

Dabei ist

$$\varepsilon^{\mu\nu\rho\sigma} = \begin{cases} +1 , & \text{falls } (\mu,\nu,\rho,\sigma) \text{ gerade Permutation von } (0,1,2,3) , \\ -1 , & \text{falls ungerade Permutation} , \\ 0 , & \text{falls zwei oder mehrere Indizes gleich} , \end{cases} \tag{2.126}$$

der total antisymmetrische Einheitstensor vierter Stufe. Die Elemente $F_{\mu\nu}$ des kovarianten Feldstärke-Tensors sind über (2.117) mit denen des kontravarianten Tensors (2.115) verknüpft. – An der Definition (2.125) liest man zunächst unmittelbar

$$\overline{F}^{\mu\nu} = -\overline{F}^{\nu\mu} \tag{2.127}$$

ab. Die Diagonalelemente sind also null. Wir berechnen als Beispiel unter Beachtung von (2.117):

$$\begin{aligned} \overline{F}^{12} &= \frac{1}{2}\varepsilon^{12\rho\sigma}F_{\rho\sigma} = \frac{1}{2}\left(\varepsilon^{1230}F_{30} + \varepsilon^{1203}F_{03}\right) \\ &= \frac{1}{2}\left(-F_{30} + F_{03}\right) = F^{30} = \frac{1}{c}E_z . \end{aligned}$$

Ganz analog findet man (s. Aufgabe 2.5.10, nur die Elemente mit $\mu < \nu$ brauchen berechnet zu werden):

$$\overline{F}^{13} = F^{02} ; \quad \overline{F}^{01} = F^{23} ; \quad \overline{F}^{23} = F^{10} ; \quad \overline{F}^{02} = F^{31} ; \quad \overline{F}^{03} = F^{12} .$$

Man erhält demnach die Komponenten des dualen Feldstärke-Tensors $\overline{F}^{\mu\nu}$ aus denen des kovarianten Tensors $F_{\mu\nu}$ durch die Ersetzung:

$$\boldsymbol{B} \longleftrightarrow -\frac{1}{c}\boldsymbol{E} . \tag{2.128}$$

Dies ergibt mit (2.115):

$$\overline{F}^{\mu\nu} = \begin{pmatrix} 0 & -B_x & -B_y & -B_z \\ B_x & 0 & \frac{1}{c}E_z & -\frac{1}{c}E_y \\ B_y & -\frac{1}{c}E_z & 0 & \frac{1}{c}E_x \\ B_z & \frac{1}{c}E_y & -\frac{1}{c}E_x & 0 \end{pmatrix} . \tag{2.129}$$

Kapitel 2

Man rechnet nun leicht die folgenden Beziehungen nach:

$$\begin{aligned}
\partial_\alpha \overline{F}^{\alpha 0} &= \partial_0 \overline{F}^{00} + \partial_1 \overline{F}^{10} + \partial_2 \overline{F}^{20} + \partial_3 \overline{F}^{30} \\
&= \partial_1 F^{32} + \partial_2 F^{13} + \partial_3 F^{21} = \partial^1 F^{23} + \partial^2 F^{31} + \partial^3 F^{12} \,, \\
\partial_\alpha \overline{F}^{\alpha 1} &= \partial_0 F^{23} + \partial_2 F^{03} + \partial_3 F^{20} = \partial^0 F^{23} + \partial^2 F^{30} + \partial^3 F^{02} \,, \\
\partial_\alpha \overline{F}^{\alpha 2} &= \partial^0 F^{31} + \partial^1 F^{03} + \partial^3 F^{10} \,, \\
\partial_\alpha \overline{F}^{\alpha 3} &= \partial^0 F^{12} + \partial^1 F^{20} + \partial^2 F^{01} \,.
\end{aligned}$$

Wir können anstelle von (2.124) also auch schreiben:

Kapitel 2

homogene Maxwell-Gleichungen

$$\partial_\alpha \overline{F}^{\alpha\beta} = 0 \,; \quad \beta = 0, 1, 2, 3 \,. \tag{2.130}$$

Man erkennt schließlich noch an (2.115) und (2.129) eine weitere

Invariante des elektromagnetischen Feldes

$$F_{\alpha\beta} \overline{F}^{\alpha\beta} = -\frac{4}{c} \boldsymbol{E} \cdot \boldsymbol{B} \,. \tag{2.131}$$

Links steht ein Vierer-Tensor nullter Stufe, also ein Welt-Skalar. Das Skalarprodukt aus elektrischem und magnetischem Feld $\boldsymbol{E} \cdot \boldsymbol{B}$ ändert sich bei einer Lorentz-Transformation demnach nicht, ist somit in allen Inertialsystemen gleich.

2.3.5 Transformation der elektromagnetischen Felder

Mit den im letzten Abschnitt abgeleiteten Beziehungen können wir nun leicht berechnen, wie sich die elektrischen und magnetischen Felder bei einer Lorentz-Transformation im Einzelnen verhalten.

Das Transformationsverhalten eines kontravarianten Tensors zweiter Stufe kennen wir aus Abschn. 2.1. Die Gleichungen (2.8) und (2.9),

$$(F^{\mu\nu})' = \frac{\partial x'^\mu}{\partial x^\alpha} \frac{\partial x'^\nu}{\partial x^\beta} F^{\alpha\beta} = L_{\mu\alpha} L_{\nu\beta} F^{\alpha\beta} \,,$$

führen mit (1.16) zu dem transformierten Feldstärke-Tensor. Wegen $F^{\alpha\beta} = -F^{\beta\alpha}$ folgt unmittelbar auch

$$(F^{\mu\nu})' = -(F^{\nu\mu})' \,.$$

Dies bedeutet insbesondere, dass die Diagonalelemente des transformierten Tensors verschwinden. Es bleiben deshalb sechs Elemente explizit zu berechnen:

$$\begin{aligned}
\left(F^{01}\right)' &= L_{11}\left(L_{00}F^{01} + L_{03}F^{31}\right) = \gamma\left(-\frac{1}{c}E_x + \beta B_y\right) \stackrel{!}{=} -\frac{1}{c}E'_x\,,\\
\left(F^{02}\right)' &= L_{22}\left(L_{00}F^{02} + L_{03}F^{32}\right) = \gamma\left(-\frac{1}{c}E_y - \beta B_x\right) \stackrel{!}{=} -\frac{1}{c}E'_y\,,\\
\left(F^{03}\right)' &= L_{00}\left(L_{30}F^{00} + L_{33}F^{03}\right) + L_{03}\left(L_{30}F^{30} + L_{33}F^{33}\right)\\
&= \gamma^2\left(1-\beta^2\right)\left(-\frac{1}{c}E_z\right) = -\frac{1}{c}E_z \stackrel{!}{=} -\frac{1}{c}E'_z\,,\\
\left(F^{12}\right)' &= L_{11}L_{22}F^{12} = -B_z \stackrel{!}{=} -B'_z\,,\\
\left(F^{13}\right)' &= L_{11}\left(L_{30}F^{10} + L_{33}F^{13}\right) = \gamma\left(B_y - \frac{\beta}{c}E_x\right) \stackrel{!}{=} B'_y\,,\\
\left(F^{23}\right)' &= L_{22}\left(L_{30}F^{20} + L_{33}F^{23}\right) = \gamma\left(-\frac{\beta}{c}E_y - B_x\right) \stackrel{!}{=} -B'_x\,.
\end{aligned}$$

Damit transformieren sich die Komponenten des magnetischen Feldes nach den folgenden Formeln:

$$B'_x = \gamma\left(B_x + \frac{\beta}{c}E_y\right)\,, \tag{2.132}$$

$$B'_y = \gamma\left(B_y - \frac{\beta}{c}E_x\right)\,, \tag{2.133}$$

$$B'_z = B_z\,. \tag{2.134}$$

Für die Komponenten des elektrischen Feldes gilt:

$$E'_x = \gamma\left(E_x - \beta\, c\, B_y\right)\,, \tag{2.135}$$

$$E'_y = \gamma\left(E_y + \beta\, c\, B_x\right)\,, \tag{2.136}$$

$$E'_z = E_z\,. \tag{2.137}$$

Diese Formeln machen die enge Verknüpfung zwischen elektrischen und magnetischen Feldern deutlich. Was in einem System als reines $\boldsymbol{E}$- oder $\boldsymbol{B}$-Feld erscheint, ist in einem anderen Inertialsystem eine Mischung aus beiden. Bei allen Lorentz-Transformationen bleiben jedoch die

Invarianten des elektromagnetischen Feldes

$$\left(\boldsymbol{B}^2 - \frac{1}{c^2}\boldsymbol{E}^2\right) \quad \text{und} \quad \boldsymbol{E}\cdot\boldsymbol{B}$$

unverändert. Daraus folgt, wie bereits früher festgestellt, dass man ein reines $\boldsymbol{B}$-Feld nie auf ein reines $\boldsymbol{E}$-Feld transformieren kann und umgekehrt.

Kapitel 2

Für manche Zwecke erscheint es sinnvoll, die Felder auf Komponenten parallel und senkrecht zur Relativgeschwindigkeit $\boldsymbol{v}$ der beiden Inertialsysteme Σ und Σ' umzuschreiben. Die Parallelkomponente des elektrischen Feldes ist natürlich mit der z-Komponente identisch:

$$\boldsymbol{E}'_{\parallel} = E'_z \boldsymbol{e}_z = E_z \boldsymbol{e}_z = \boldsymbol{E}_{\parallel} \; . \tag{2.138}$$

Die orthogonale Komponente bestimmt sich etwas komplizierter:

$$\boldsymbol{E}'_{\perp} = E'_x \boldsymbol{e}_x + E'_y \boldsymbol{e}_y = \gamma \left[E_x \boldsymbol{e}_x + E_y \boldsymbol{e}_y + \beta\, c \left(B_x \boldsymbol{e}_y - B_y \boldsymbol{e}_x \right) \right] \; .$$

Mit

$$\boldsymbol{\beta} = \frac{\boldsymbol{v}}{c} \equiv \left(0, 0, \frac{v}{c} \right) \tag{2.139}$$

lässt sich der letzte Summand als Vektorprodukt schreiben:

$$\boldsymbol{E}'_{\perp} = \gamma \left[\boldsymbol{E}_{\perp} + c(\boldsymbol{\beta} \times \boldsymbol{B}) \right] \; . \tag{2.140}$$

Analog findet man für die magnetische Induktion:

$$\boldsymbol{B}'_{\parallel} = \boldsymbol{B}_{\parallel} \; ; \quad \boldsymbol{B}'_{\perp} = \gamma \left[\boldsymbol{B}_{\perp} - \frac{1}{c} (\boldsymbol{\beta} \times \boldsymbol{E}) \right] \; . \tag{2.141}$$

Diese Ergebnisse lassen sich für die elektromagnetischen Felder wie folgt zusammenfassen:

$$\boldsymbol{E}' = \gamma \left[\boldsymbol{E} + c(\boldsymbol{\beta} \times \boldsymbol{B}) \right] - \frac{\gamma^2}{\gamma + 1} \boldsymbol{\beta} \, (\boldsymbol{\beta} \cdot \boldsymbol{E}) \, , \tag{2.142}$$

$$\boldsymbol{B}' = \gamma \left(\boldsymbol{B} - \frac{1}{c} (\boldsymbol{\beta} \times \boldsymbol{E}) \right) - \frac{\gamma^2}{\gamma + 1} \boldsymbol{\beta} \, (\boldsymbol{\beta} \cdot \boldsymbol{B}) \; . \tag{2.143}$$

In dieser Form gelten die Transformationsformeln für beliebige Geschwindigkeiten $\boldsymbol{v}$. Es muss also nicht notwendig $\boldsymbol{v}$ parallel zur z-Achse gerichtet sein. Wir machen die Probe:

$$\begin{aligned}
\boldsymbol{E}'_{\parallel} &\equiv \frac{\boldsymbol{\beta}}{\beta} \left(\boldsymbol{E}' \cdot \frac{\boldsymbol{\beta}}{\beta} \right) = \frac{\boldsymbol{\beta}}{\beta^2} \left(\gamma\, \boldsymbol{E} \cdot \boldsymbol{\beta} - \frac{\gamma^2}{\gamma + 1} \beta^2 (\boldsymbol{\beta} \cdot \boldsymbol{E}) \right) \\
&= \boldsymbol{E}_{\parallel} \left(\gamma - \frac{\gamma^2}{\gamma + 1} \beta^2 \right) = \boldsymbol{E}_{\parallel} \frac{\gamma^2 + \gamma - \gamma^2 \beta^2}{\gamma + 1} = \boldsymbol{E}_{\parallel} \, , \\
\boldsymbol{E}'_{\perp} &= \boldsymbol{E}' - \frac{\boldsymbol{\beta}}{\beta} \left(\boldsymbol{E}' \cdot \frac{\boldsymbol{\beta}}{\beta} \right) = \boldsymbol{E}' - \boldsymbol{E}_{\parallel} \\
&= \gamma \left[\boldsymbol{E}_{\perp} + c(\boldsymbol{\beta} \times \boldsymbol{B}) \right] + \boldsymbol{E}_{\parallel} \left(\gamma - \frac{\gamma^2}{\gamma + 1} \beta^2 - 1 \right) = \gamma \left[\boldsymbol{E}_{\perp} + c(\boldsymbol{\beta} \times \boldsymbol{B}) \right] \; .
\end{aligned}$$

Dies sind für das $\boldsymbol{E}$-Feld die korrekten Ausdrücke (2.138) und (2.140). Die Probe für das $\boldsymbol{B}$-Feld gelingt auf die gleiche Weise.

Kapitel 2

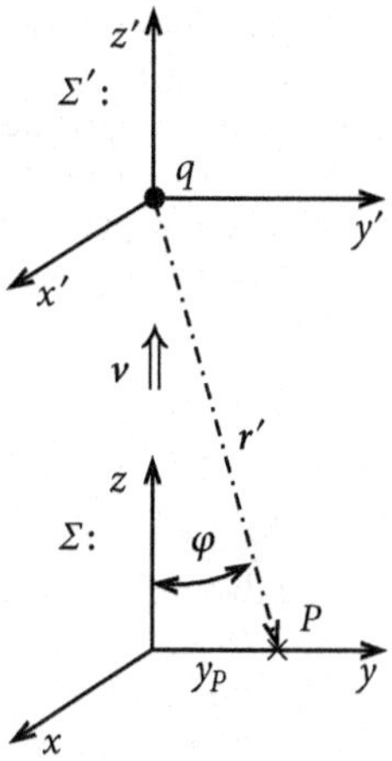

Abb. 2.2 Zur Berechnung der Felder einer bewegten Punktladung in zwei relativ zueinander bewegten Inertialsystemen

Wir diskutieren als **Anwendungsbeispiel** die

- Felder einer bewegten Punktladung q.

Wir nehmen an, dass sich die Ladung q im Ursprung von Σ' befindet. Σ' sei das Ruhesystem der Ladung.

Σ sei dagegen das Ruhesystem eines Beobachters P, wobei wir o. B. d. A. annehmen können, dass sich dessen Position auf der y-Achse in Σ befindet.

Σ' bewege sich relativ zu Σ mit der konstanten Geschwindigkeit $\boldsymbol{v}$ in z-Richtung, wobei für $t = t' = 0$ die beiden Koordinatenursprünge zusammenfallen sollen (Abb. 2.2).

Die Position von P ist in Σ durch

$$\boldsymbol{r}_P = (0, y_P, 0)$$

gegeben und in Σ' durch

$$\boldsymbol{r}' = (0, y_P, -v\,t') \ . \tag{2.144}$$

Der Abstand des Beobachters von der Punktladung

$$r' = \sqrt{y_P^2 + v^2 t'^2}$$

beträgt wegen

$$t' = \gamma\left(t - \frac{v}{c^2} z_P\right) = \gamma\, t$$

in Σ-Koordinaten:

$$r' = \sqrt{y_P^2 + v^2 \gamma^2 t^2} \ . \tag{2.145}$$

Welche Felder sieht nun der Beobachter P, wenn sich die Punktladung q mit $v = \text{const}$ längs der z-Achse bewegt?

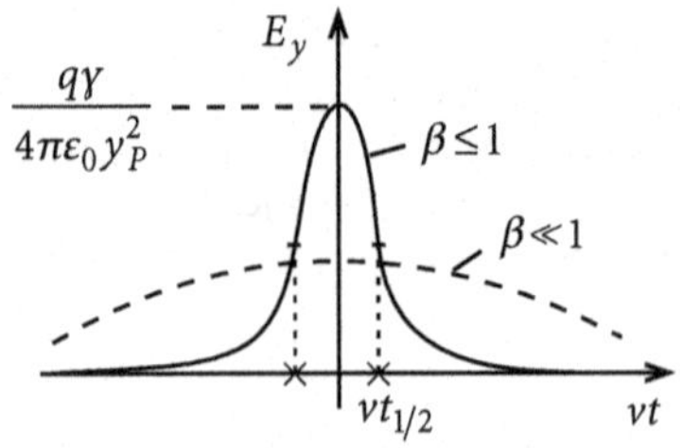

Abb. 2.3 Zeitabhängigkeit der transversalen Komponente E_y des elektrischen Feldes einer relativ zum Beobachter in z-Richtung bewegten Punktladung gesehen vom Ruhsystem des Beobachters

Die Felder in Σ' sind die einer **ruhenden** Ladung, damit also aus der nicht relativistischen Elektrodynamik (s. Bd. 3) bekannt:

$$\boldsymbol{B}' \equiv 0 \,, \tag{2.146}$$

$$\boldsymbol{E}'(t') = \frac{q}{4\pi\varepsilon_0} \frac{\boldsymbol{r}'}{r'^3} = \frac{q}{4\pi\varepsilon_0 r'^3} \left(0, y_P, -v\,t'\right) \,. \tag{2.147}$$

Das $\boldsymbol{E}$-Feld ist zeitabhängig, da sich die Beobachterposition P in Σ' zeitlich ändert, d. h., es wird zu verschiedenen Zeiten t' an verschiedenen Orten $\boldsymbol{r}'$ in Σ' das Feld gemessen (Abb. 2.3).

Zur Berechnung des $\boldsymbol{E}$-Feldes in Σ benutzen wir die Transformationsformeln (2.135) bis (2.137), wobei zu beachten ist, dass sich Σ relativ zu Σ' mit der Geschwindigkeit $-\boldsymbol{v}$ bewegt:

$$E_x = \gamma\left(E'_x + \beta\, c\, B'_y\right) = 0 \,, \tag{2.148}$$

$$E_y = \gamma\left(E'_y - \beta\, c\, B'_x\right) = \gamma\, E'_y = \frac{q}{4\pi\varepsilon_0} \frac{\gamma\, y_P}{\left(y_P^2 + \gamma^2 v^2 t^2\right)^{3/2}} \,, \tag{2.149}$$

$$E_z = E'_z = \frac{q}{4\pi\varepsilon_0} \frac{-\gamma\, v\, t}{\left(y_P^2 + \gamma^2 v^2 t^2\right)^{3/2}} \,. \tag{2.150}$$

Die **transversale** Komponente E_y ist offensichtlich nur im Zeitintervall

$$-t_{1/2} \le t \le +t_{1/2}$$

merklich von Null verschieden, wobei die **Halbwertsbreite** $t_{1/2}$ durch

$$\frac{E_y\left(t = t_{1/2}\right)}{E_y(t = 0)} \stackrel{!}{=} \frac{1}{2}$$

definiert ist. Sie bestimmt sich damit über

$$\frac{1}{2} \stackrel{!}{=} \frac{y_P^3}{\left(y_P^2 + \gamma^2 v^2 t_{1/2}^2\right)^{3/2}}$$

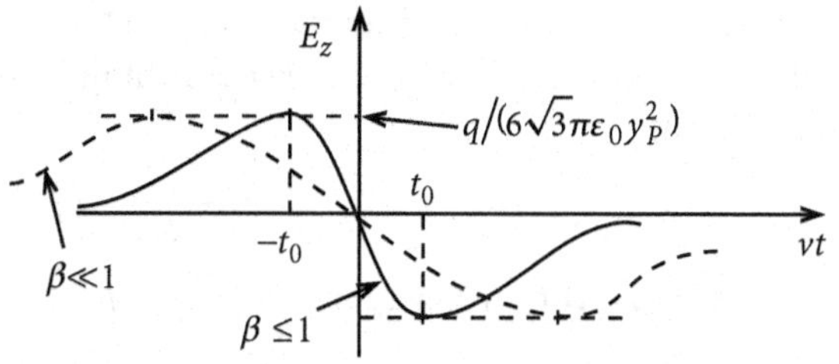

Abb. 2.4 Zeitabhängigkeit der longitudinalen Komponente E_z des elektrischen Feldes einer relativ zum Beobachter in z-Richtung bewegten Punktladung gesehen vom Ruhsystem des Beobachters

zu

$$t_{1/2} = \frac{y_P}{\gamma v} \left(2^{2/3} - 1\right)^{1/2} .$$

Das Maximum der E_y-Spitze liegt bei $t = 0$, also im Moment des kürzesten Abstandes der Ladung q von P. Im relativistischen Bereich $v \lesssim c$ wird die Spitze sehr scharf, da $t_{1/2}$ sehr klein wird.

Die **longitudinale** Komponente E_z des elektrischen Feldes (2.150) wechselt bei $t = 0$ das Vorzeichen (Abb. 2.4) und besitzt Extrema bei

$$\pm t_0 = \frac{y_P}{\gamma v} \frac{1}{\sqrt{2}} ,$$

wie man leicht nachrechnet, wenn man die erste zeitliche Ableitung gleich Null setzt. Die Extremwerte

$$E_z (t = \pm t_0) = \mp \frac{q}{6\sqrt{3}\pi\varepsilon_0 y_P^2}$$

sind dabei v-unabhängig.

Wie sieht nun im Beobachtersystem Σ für eine feste Zeit t die räumliche Verteilung des elektrischen Feldes $\boldsymbol{E}$ relativ zur Punktladung aus? Abbildung 2.2 verdeutlicht

$$y_P = r \sin\varphi ; \quad v t = r \cos\varphi ,$$

wobei r der Abstand zwischen Ladung und Beobachter in Σ ist. Mit

$$\begin{aligned} \left(y_P^2 + \gamma^2 v^2 t^2\right)^{3/2} &= r^3 \left(\sin^2\varphi + \gamma^2 \cos^2\varphi\right)^{3/2} \\ &= r^3 \gamma^3 \left(1 - \beta^2 \sin^2\varphi\right)^{3/2} \end{aligned}$$

folgt für die Feldverteilung in Σ um die Punktladung q:

$$\boldsymbol{E} = \frac{q \boldsymbol{r}}{4\pi\varepsilon_0 r^3 \gamma^2 \left(1 - \beta^2 \sin^2\varphi\right)^{3/2}} . \tag{2.151}$$

r ist der Ortsvektor von der Punktladung zum Beobachter. Das **E**-Feld ist zwar wie bei einer ruhenden Ladung radial, aber für $\beta \neq 0$ nicht mehr isotrop. **In** Bewegungsrichtung ($\varphi = 0$ oder π) gilt:

$$\frac{E(\beta)}{E(0)} = \frac{1}{\gamma^2} ,$$

dagegen **senkrecht** zur Bewegungsrichtung ($\varphi = \pi/2$):

$$\frac{E(\beta)}{E(0)} = \gamma .$$

Wir müssen schließlich noch das **B**-Feld der bewegten Punktladung diskutieren. Mit den Transformationsformeln (2.132) bis (2.134) finden wir für die kartesischen Komponenten in Σ:

$$B_x = \gamma \left(B'_x - \frac{\beta}{c} E'_y \right) = -\gamma \frac{\beta}{c} E'_y = -\frac{\beta}{c} E_y , \tag{2.152}$$

$$B_y = \gamma \left(B'_y + \frac{\beta}{c} E'_x \right) = 0 , \tag{2.153}$$

$$B_z = B'_z = 0 . \tag{2.154}$$

Bei dieser Auswertung haben wir (2.146) und (2.147) ausgenutzt. – Die bewegte Punktladung ruft also in x-Richtung eine magnetische Induktion hervor. Deren Zeitabhängigkeit entspricht der von E_y, die wir ausführlich diskutiert haben. – Etwas allgemeiner gilt nach (2.143) mit $\boldsymbol{B}' \equiv 0$ für die magnetische Induktion:

$$\boldsymbol{B} = \frac{\gamma}{c} (\boldsymbol{\beta} \times \boldsymbol{E}') = \frac{\mu_0}{4\pi} \frac{q\gamma}{r'^3} (\boldsymbol{v} \times \boldsymbol{r}') . \tag{2.155}$$

Für $\gamma = 1$ ist dies das **Biot-Savart'sche Gesetz** (s. (3.23), Bd. 3) für das durch eine bewegte Ladung hervorgerufene Magnetfeld. – In unserem speziellen Fall ($\boldsymbol{v} = v\,\boldsymbol{e}_z$) ist

$$\boldsymbol{v} \times \boldsymbol{r}' = -v\, y_P\, \boldsymbol{e}_x . \tag{2.156}$$

2.3.6 Lorentz-Kraft

Wir wollen schließlich noch die Lorentz-Kraft

$$\boldsymbol{F} = q(\boldsymbol{E} + \boldsymbol{v} \times \boldsymbol{B})$$

((4.40), Bd. 3) in unseren vierdimensionalen Formalismus einbauen. Zunächst interpretieren wir **F** als die zeitliche Ableitung der Raumkomponenten ($\boldsymbol{p}_r$, (2.58)) des Vierer-Impulses (2.57):

$$p^\mu = \left(\frac{T_r}{c}, \boldsymbol{p}_r \right) = m\,u^\mu = m\gamma\,(c, \boldsymbol{v}) .$$

$(\mathrm{d}/\mathrm{d}t)\boldsymbol{p}_\mathrm{r}$ sind dann aber ihrerseits noch nicht die Raumkomponenten eines Vierer-Vektors, da sich die Zeit t nicht entsprechend transformiert. Wir führen deshalb wieder die Eigenzeit τ ($t = \gamma\,\tau$) ein und versuchen, die Lorentz-Kraft so zu verallgemeinern, dass wie in der Mechanik ein kovariantes Kraftgesetz der Form

$$K^\mu \equiv \frac{\mathrm{d}}{\mathrm{d}\tau} p^\mu \equiv m \frac{\mathrm{d}}{\mathrm{d}\tau} u^\mu \tag{2.157}$$

gilt. Auf der linken Seite sollte natürlich die

Minkowski-Kraft (2.51)

$$K^\mu \equiv \gamma \left(\frac{\boldsymbol{F}\cdot\boldsymbol{v}}{c}, F_x, F_y, F_z \right) \equiv \left(K^0, \boldsymbol{K} \right) \tag{2.158}$$

stehen, die wir in Abschn. 2.2.2 für die Klassische Mechanik diskutiert haben. Mit (2.92) folgt zunächst für die Raumkomponenten

$$\boldsymbol{K} \equiv \frac{\mathrm{d}}{\mathrm{d}\tau}\boldsymbol{p}_\mathrm{r} = \gamma \boldsymbol{F} = q(\gamma\, \boldsymbol{E} + \gamma\, \boldsymbol{v} \times \boldsymbol{B}) \;.$$

Auf der rechten Seite führen wir die kontravariante Vierer-Geschwindigkeit u^μ (2.39) ein:

$$u^\mu \equiv \gamma\,(c, \boldsymbol{v}) \equiv (u_0, \boldsymbol{u}) \;.$$

Dann gilt:

$$\boldsymbol{K} = q \left[u^0 \left(\frac{1}{c} \boldsymbol{E} \right) + \boldsymbol{u} \times \boldsymbol{B} \right] .$$

Wir drücken die rechte Seite durch den kontravarianten Feldstärke-Tensor (2.115) aus:

$$K_x = q \left[u^0 \left(\frac{1}{c} E_x \right) + u_y B_z - u_z B_y \right] = q \left(u^0 F^{10} + u^2 F^{21} + u^3 F^{31} \right) = K^1 \;,$$

$$K_y = q \left[u^0 \left(\frac{1}{c} E_y \right) + u_z B_x - u_x B_z \right] = q \left(u^0 F^{20} + u^3 F^{32} + u^1 F^{12} \right) = K^2 \;,$$

$$K_z = q \left[u^0 \left(\frac{1}{c} E_z \right) + u_x B_y - u_y B_x \right] = q \left(u^0 F^{30} + u^1 F^{13} + u^2 F^{23} \right) = K^3 \;.$$

Ersetzen wir nach (2.114) in diesen Ausdrücken die Terme $F^{\alpha\beta}$ mit $\beta \neq 0$ durch $-F^{\beta\alpha}$ und die kontravariante durch die kovariante Vierer-Geschwindigkeit ($u^0 \to u_0; \boldsymbol{u} \to -\boldsymbol{u}$), dann gilt offenbar, da $F^{\mu\mu} = 0$:

$$K^1 = K_x = q\, F^{1\alpha} u_\alpha \;, \tag{2.159}$$

$$K^2 = K_y = q\, F^{2\alpha} u_\alpha \;, \tag{2.160}$$

$$K^3 = K_z = q\, F^{3\alpha} u_\alpha \;. \tag{2.161}$$

Die rechten Seiten transformieren sich sicher wie die Raumkomponenten eines kontravarianten Vierer-Vektors. Es liegt deshalb nahe, das System durch eine entsprechende Zeitkomponente zu ergänzen:

$$\begin{aligned} K^0 &= q F^{0\alpha} u_\alpha \\ &= q\left[\left(-\frac{1}{c}E_x\right)(-u_x) + \left(-\frac{1}{c}E_y\right)(-u_y) + \left(-\frac{1}{c}E_z\right)(-u_z)\right] \\ &= q\left(\frac{1}{c}\boldsymbol{E}\right)\cdot(\gamma\,\boldsymbol{v})\,. \end{aligned}$$

Dieser Ausdruck ist wegen

$$q\,\boldsymbol{v}\cdot\boldsymbol{E} = \boldsymbol{v}\cdot\boldsymbol{F}$$

leicht interpretierbar. Mit (2.53) gilt nämlich:

$$K^0 = \gamma\left(\frac{\boldsymbol{F}\cdot\boldsymbol{v}}{c}\right) = \gamma\frac{\mathrm{d}}{\mathrm{d}t}\left(\frac{1}{c}T_\mathrm{r}\right) = \frac{\mathrm{d}}{\mathrm{d}\tau}p^0\,. \tag{2.162}$$

Dieses Ergebnis passt zu (2.157) und (2.158). Wir haben damit die

▸ **kovariante Formulierung der Lorentz-Kraft**

gefunden:

$$K^\mu \equiv \frac{\mathrm{d}}{\mathrm{d}\tau}p^\mu = q F^{\mu\alpha}u_\alpha = \gamma\left(\frac{1}{c}\boldsymbol{F}\cdot\boldsymbol{v}, \boldsymbol{F}\right)\,. \tag{2.163}$$

K^μ ist die in Abschn. 2.2.2 zur kovarianten Darstellung der Klassischen Mechanik eingeführte Minkowski-Kraft. (2.163) dokumentiert noch einmal die Schlüssigkeit der Überlegungen aus Abschn. 2.2.2.

Untersuchen wir zum Schluss, ähnlich wie in Abschn. 2.2.3, noch einmal das explizite Transformationsverhalten der Lorentz-Kraft $\boldsymbol{F}$. Wie üblich betrachten wir dazu zwei Inertialsysteme Σ und Σ', von denen sich Σ' relativ zu Σ mit der Geschwindigkeit $\boldsymbol{v}$ parallel zur z-Achse bewegen soll. Ein Teilchen der Ladung q mit der Geschwindigkeit $\boldsymbol{u}$ in Σ erfährt die Lorentz-Kraft:

$$\boldsymbol{F} = q(\boldsymbol{E} + \boldsymbol{u}\times\boldsymbol{B}) \quad \text{in } \Sigma\,. \tag{2.164}$$

Unter welcher Kraft $\boldsymbol{F}'$ bewegt es sich für einen Beobachter aus Σ'? Wir bestimmen $\boldsymbol{F}'$ aus dem Transformationsverhalten der Raumkomponenten der kontravarianten Minkowski-Kraft (2.158):

$$\begin{aligned} &K^{1'} = K^1\,; \quad K^{2'} = K^2\,, \\ &K^{3'} = \gamma_v\left(-\beta K^0 + K^3\right)\,; \quad \beta = \frac{v}{c}\,; \quad \gamma_v = \left(1-\beta^2\right)^{-1/2}\,. \end{aligned}$$

Wenn $\boldsymbol{u}'$ die Teilchengeschwindigkeit in Σ' bedeutet, dann folgt aus diesen Gleichungen:

$$\gamma_{u'} F'_x = \gamma_u F_x \,; \quad \gamma_{u'} F'_y = \gamma_u F_y \,;$$
$$\gamma_{u'} F'_z = \gamma_v \left(\gamma_u F_z - \beta \, \gamma_u \frac{\boldsymbol{F} \cdot \boldsymbol{u}}{c} \right) .$$

Mit denselben Überlegungen, die in Abschn. 2.2.3 zu Gleichung (2.80) führten, findet man auch hier:

$$\gamma_{u'} = \gamma_u \gamma_v \left(1 - \frac{v \, u_z}{c^2} \right) .$$

Damit lauten die Komponenten der Lorentz-Kraft in Σ':

$$F'_x = \frac{1}{\gamma_v} \frac{F_x}{1 - \frac{v \, u_z}{c^2}} , \tag{2.165}$$

$$F'_y = \frac{1}{\gamma_v} \frac{F_y}{1 - \frac{v \, u_z}{c^2}} , \tag{2.166}$$

$$F'_z = \frac{F_z - \frac{v}{c^2} (\boldsymbol{F} \cdot \boldsymbol{u})}{1 - \frac{v \, u_z}{c^2}} . \tag{2.167}$$

Identische Formeln hatten wir in Abschn. 2.2.3 für die mechanischen Kräfte gefunden, was wegen (2.163) nicht weiter verwundert.

2.3.7 Formeln der relativistischen Elektrodynamik

Wir haben mit dem letzten Abschnitt die kovariante Formulierung der Elektrodynamik abgeschlossen. Zur besseren Übersicht wollen wir die wichtigsten Formeln noch einmal zusammenstellen:

Elektrische Ladung:

$$q : \text{ Lorentz-Invariante}$$

Vierer-Stromdichte:

$$j^\mu = (c\rho, \boldsymbol{j}) = \gamma \, \rho_0 (c, \boldsymbol{v}) = \rho_0 u^\mu$$
$$\rho_0 : \text{ Ruheladungsdichte} ,$$
$$u^\mu \equiv \gamma (c, \boldsymbol{v}) : \text{ Welt-Geschwindigkeit} .$$

Kontinuitätsgleichung:

$$\partial_\mu j^\mu = 0 \,; \quad \partial_\mu \equiv \left(\frac{1}{c} \frac{\partial}{\partial t}, \nabla \right) .$$

Kapitel 2

Vierer-Potential:

$$A^{\mu} \equiv \left(\frac{1}{c}\varphi, \boldsymbol{A}\right) .$$

Vierer-Wellengleichung:

$$\Box A^{\mu} = -\mu_0 j^{\mu} ; \quad \Box = \Delta - \frac{1}{c^2}\frac{\partial^2}{\partial t^2} .$$

Lorenz-Eichung:

$$\partial_{\mu} A^{\mu} = 0 .$$

Kontravarianter Feldstärke-Tensor:

$$F^{\mu\nu} \equiv \partial^{\mu} A^{\nu} - \partial^{\nu} A^{\mu} ; \quad \partial^{\mu} \equiv \left(\frac{1}{c}\frac{\partial}{\partial t}, -\nabla\right) ,$$

$$F^{\mu\nu} \equiv \begin{pmatrix} 0 & -\frac{1}{c}E_x & -\frac{1}{c}E_y & -\frac{1}{c}E_z \\ \frac{1}{c}E_x & 0 & -B_z & B_y \\ \frac{1}{c}E_y & B_z & 0 & -B_x \\ \frac{1}{c}E_z & -B_y & B_x & 0 \end{pmatrix} .$$

Kovarianter Feldstärke-Tensor:

$$F_{\mu\nu} = \mu_{\mu\alpha}\mu_{\nu\beta} F^{\alpha\beta} .$$

Dualer Feldstärke-Tensor:

$$\overline{F}^{\mu\nu} = \frac{1}{2}\varepsilon^{\mu\nu\rho\sigma} F_{\rho\sigma}$$

aus $F_{\mu\nu}$ durch Substitution: $\boldsymbol{B} \longleftrightarrow -(1/c)\boldsymbol{E}$.

Maxwell-Gleichungen:

Homogen:

$$\partial_{\alpha} \overline{F}^{\alpha\beta} = 0 ; \quad \beta = 0, 1, 2, 3$$

oder

$$\partial^{\alpha} F^{\beta\gamma} + \partial^{\beta} F^{\gamma\alpha} + \partial^{\gamma} F^{\alpha\beta} = 0 ,$$

α, β, γ beliebig aus $(0, 1, 2, 3)$.

Inhomogen:

$$\partial_{\alpha} F^{\alpha\beta} = \mu_0 j^{\beta} ; \quad \beta = 0, 1, 2, 3 .$$

Transformation der Felder:

$$\boldsymbol{\beta} = \frac{\boldsymbol{v}}{c} :$$

$$\boldsymbol{E}' = \gamma\left[\boldsymbol{E} + c\,(\boldsymbol{\beta} \times \boldsymbol{B})\right] - \frac{\gamma^2}{\gamma+1}\boldsymbol{\beta}(\boldsymbol{\beta}\cdot\boldsymbol{E}) ,$$

$$\boldsymbol{B}' = \gamma\left[\boldsymbol{B} - \frac{1}{c}\,(\boldsymbol{\beta} \times \boldsymbol{E})\right] - \frac{\gamma^2}{\gamma+1}\boldsymbol{\beta}\,(\boldsymbol{\beta}\cdot\boldsymbol{B}) .$$

Speziell für $\boldsymbol{v} = v\,\boldsymbol{e}_z$:

$$B'_x = \gamma\left(B_x + \frac{\beta}{c}E_y\right) \;;\quad E'_x = \gamma\left(E_x - \beta\, c\, B_y\right) ,$$

$$B'_y = \gamma\left(B_y - \frac{\beta}{c}E_x\right) \;;\quad E'_y = \gamma\left(E_y + \beta\, c\, B_x\right) ,$$

$$B'_z = B_z \;;\qquad E'_z = E_z .$$

Invariante des elektromagnetischen Feldes:

$$\left(\boldsymbol{B}^2 - \frac{1}{c^2}\boldsymbol{E}^2\right) \quad \text{und} \quad \boldsymbol{E}\cdot\boldsymbol{B} .$$

Minkowski-Kraft:

$$K^\mu \equiv \gamma\left(\frac{\boldsymbol{F}\cdot\boldsymbol{v}}{c}, F_x, F_y, F_z\right) ,$$

$$\boldsymbol{F} = q(\boldsymbol{E} + \boldsymbol{v} \times \boldsymbol{B}) : \text{ Lorentz-Kraft} ,$$

$$\boldsymbol{v} : \text{ Teilchengeschwindigkeit} .$$

Kovariante Kraftgleichung:

$$K^\mu = m\frac{\mathrm{d}}{\mathrm{d}\tau}u^\mu = q\,F^{\mu\alpha}u_\alpha .$$

2.4 Kovariante Lagrange-Formulierung

Nachdem wir in Abschn. 2.2 die relativistische Verallgemeinerung der Newton-Mechanik vollzogen haben, soll nun noch, zumindest in Ansätzen, eine relativistische Lagrange-Mechanik (s. Kap. 1, Bd. 2) diskutiert werden. Insbesondere geht es darum, Lagrange-Funktionen zu finden, mit denen sich die Bewegungsgleichungen in einer korrekten kovarianten Form angeben lassen.

Der einfachste Zugang gelingt mit Hilfe des **Hamilton'schen Prinzips** (Abschn. 1.3, Bd. 2):

Das *Wirkungsfunktional* ((1.112), Bd. 2)

$$S = \int_{t_1}^{t_2} L\left(\boldsymbol{q}(t), \dot{\boldsymbol{q}}(t), t\right) \mathrm{d}t$$

über die *Lagrange-Funktion* $L(\boldsymbol{q}, \dot{\boldsymbol{q}}, t)$ nimmt auf der Menge M der zugelassenen Bahnen ((1.110), Bd. 2)

$$M = \{\boldsymbol{q}(t) : \ \boldsymbol{q}(t_1) = \boldsymbol{q}_\mathrm{a}, \ \boldsymbol{q}(t_2) = \boldsymbol{q}_\mathrm{e}\}$$

für die *tatsächliche* Bahn ein Extremum an:

$$\delta S = 0 \, .$$

Zu M gehören alle Bahnen mit gleichen Anfangs- und Endkonfigurationen $\boldsymbol{q}_\mathrm{a}$ und $\boldsymbol{q}_\mathrm{e}$, die jeweils zu bestimmten Zeiten t_1 und t_2 angenommen werden, wobei die einzelnen Bahnen durch virtuelle Verrückungen auseinander hervorgehen. Eine Konsequenz dieses Hamilton'schen Prinzips sind die *Lagrange'schen Bewegungsgleichungen*:

$$\frac{\mathrm{d}}{\mathrm{d}t}\frac{\partial L}{\partial \dot{q}_j} - \frac{\partial L}{\partial q_j} = 0 \, ; \quad j = 1, \ldots, s \, .$$

Das *Äquivalenzpostulat* (Abschn. 1.3) kann nun dahingehend interpretiert werden, dass das Wirkungsfunktional S, aus dem die fundamentalen Bewegungsgleichungen folgen, **lorentzinvariant** sein sollte. Ferner sollte insbesondere auch die Lagrange-Funktion L ein Vierer-Skalar sein und anstelle von $\boldsymbol{q}$, $\dot{\boldsymbol{q}}$ und t von den kontravarianten Vierer-Vektoren x^μ und u^μ sowie dem Vierer-Skalar τ abhängen. Wir formulieren deshalb über die Substitution

$$L \longrightarrow \overline{L}\left(x^\mu, u^\mu, \tau\right) \tag{2.168}$$

ein

kovariantes Hamilton'sches Prinzip

$$\delta S = \delta \int_{\tau_1}^{\tau_2} \mathrm{d}\tau \, \overline{L}(x^\mu, u^\mu, \tau) \stackrel{!}{=} 0 \, , \tag{2.169}$$

aus dem kovariante Lagrange'sche Bewegungsgleichungen,

$$\frac{\mathrm{d}}{\mathrm{d}\tau}\frac{\partial \overline{L}}{\partial u^\mu} - \frac{\partial \overline{L}}{\partial x^\mu} = 0 \, , \tag{2.170}$$

folgen. Die Frage ist nur: Wie findet man die relativistische Lagrange-Funktion $\overline{L}$? In der Regel wird man Analogiebetrachtungen zur nicht relativistischen Mechanik ausnutzen müssen. So sollten zum Beispiel für $v \ll c$ die *vertrauten* Relationen reproduziert werden. Das Hauptproblem liegt darin, dass wegen $L = T - V$ Aussagen über das Potential V und damit über Kräfte in kovarianter Vierer-Darstellung möglich sein müssen. Elektromagnetische Kräfte sind, wie wir im letzten Abschnitt gesehen haben, unproblematisch, wohingegen über Kernkräfte zum Beispiel kaum nennenswerte Theorien vorliegen. Wir wollen uns hier mit zwei wichtigen Beispielen zufrieden geben, die sich wie auch (2.168) bis (2.170) auf ein einzelnes Teilchen beziehen.

1) Kräftefreies Teilchen

Wir suchen eine Lagrange-Funktion $\overline{L}_0$, aus der die Bewegungsgleichung

$$m\frac{\mathrm{d}}{\mathrm{d}\tau}u^{\mu} = 0 \tag{2.171}$$

folgt. Nichtrelativistisch würde man dazu

$$S = \int_{t_1}^{t_2} L_0\left(\boldsymbol{x}(t), \boldsymbol{v}(t), t\right) \mathrm{d}t$$

untersuchen, wobei dann für den Teilchenimpuls

$$p_i = \frac{\partial L_0}{\partial v_i}\,; \qquad i = x, y, z$$

gelten muss. Wenn wir in dieser Beziehung unter p_i gleich den relativistisch korrekten Ausdruck verstehen,

$$\frac{\partial L_0}{\partial v_i} = p_{\mathrm{r}i} = \frac{m\,v_i}{\sqrt{1 - v^2/c^2}}\,,$$

so folgt durch Integration:

$$L_0 = -m\,c^2\sqrt{1 - v^2/c^2}\,. \tag{2.172}$$

Dies ist die relativistisch korrekte Form. Man beachte jedoch, dass L_0 nicht mehr mit der kinetischen Energie identisch ist, sich also von T_{r} aus (2.54) unterscheidet. Für die zugehörige Hamilton-Funktion gilt allerdings ((2.8), Bd. 2):

$$H_0 = \sum_i p_{\mathrm{r}i}v_i - L_0 = \frac{m\,v^2}{\sqrt{1 - \frac{v^2}{c^2}}} + m\,c^2\sqrt{1 - v^2/c^2} = \gamma\,m\,c^2$$

$$\Rightarrow\; H_0 = \frac{m\,c^2}{\sqrt{1 - v^2/c^2}} = T_{\mathrm{r}}\,. \tag{2.173}$$

Wir substituieren schließlich noch im Wirkungsfunktional S die Zeit t durch die Eigenzeit τ:

$$S = \int_{\tau_1}^{\tau_2} \mathrm{d}\tau\, \gamma\, L_0 \,.$$

Der Vergleich mit (2.169) ergibt:

$$\overline{L}_0 = \gamma\, L_0 = -m\,c^2 \,. \tag{2.174}$$

Nun gilt nach (2.41)

$$c^2 = u^\mu\, u_\mu \,,$$

sodass die korrekte funktionale Abhängigkeit der Lagrange-Funktion $\overline{L}_0$ von u^μ durch

$$\overline{L}_0 = \overline{L}_0\left(u^\mu\right) = -mu^\mu u_\mu \tag{2.175}$$

gegeben sein könnte, oder etwas allgemeiner:

$$\overline{L}_0 = -mc^\eta \left(u^\mu u_\mu\right)^{\frac{1}{2}(2-\eta)} \tag{2.176}$$

Wir bestimmen η aus der Forderung nach „korrekten" Bewegungsgleichungen. Da u^μ kontravariant ist,

$$u'^\mu = \frac{\partial x'^\mu}{\partial x^\alpha}\, u^\alpha = L_{\mu\alpha}\, u^\alpha$$

transformiert sich der *Geschwindigkeitsgradient*

$$\frac{\partial}{\partial u'^\mu} = \frac{\partial x^\alpha}{\partial x'^\mu}\, \frac{\partial}{\partial u^\alpha} = \left(L^{-1}\right)_{\alpha\mu} \frac{\partial}{\partial u^\alpha} \tag{2.177}$$

wie ein kovarianter Vierer-Vektor. Wir definieren den **kovarianten kanonischen Impuls**

$$p_\mu = -\frac{\partial \overline{L}}{\partial u^\mu} = \left(p^0, -\boldsymbol{p}\right) \tag{2.178}$$

mit einem Minuszeichen, damit die Raumkomponenten mit der nicht relativistischen Definition für $v \ll c$ übereinstimmen. Für den **kontravarianten kanonischen Impuls** gilt dann mit (2.25), (2.24) und (2.19):

$$p^\mu = \mu^{\mu\alpha} p_\alpha = \left(p^0, \boldsymbol{p}\right) \tag{2.179}$$

Schließlich sollte für das hier diskutierte **freie** Teilchen gelten:

$$p_\mu^{(0)} = -\frac{\partial \overline{L}_0}{\partial u^\mu} \stackrel{!}{=} mu_\mu \quad \Leftrightarrow \quad p_{(0)}^\mu = mu^\mu \tag{2.180}$$

Dies bedeutet mit dem Ansatz (2.176)):

$$
\begin{aligned}
p_\mu^{(0)} &= -\frac{\partial}{\partial u^\mu}\left(-mc^\eta \left(u^\beta u_\beta\right)^{\frac{1}{2}(2-\eta)}\right)\\
&= mc^\eta \frac{\partial}{\partial u^\mu}\left(\mu_{\beta\gamma} u^\beta u^\gamma\right)^{\frac{1}{2}(2-\eta)}\\
&= (2-\eta) mc^\eta \mu_{\mu\gamma} u^\gamma \left(\mu_{\beta\gamma} u^\beta u^\gamma\right)^{-\frac{1}{2}\eta}\\
&= (2-\eta) mc^\eta u_\mu \left(u^\beta u_\beta\right)^{-\frac{1}{2}\eta}\\
&= (2-\eta) m u_\mu
\end{aligned}
$$

Der Vergleich mit (2.180) führt auf $\eta = 1$. Das ergibt die gesuchte funktionale Abhängigkeit der Lagrange-Funktion $\overline{L}_0$ von der Vierer-Geschwindigkeit u^μ:

$$
\overline{L}_0 = -mc\left(u^\mu u_\mu\right)^{\frac{1}{2}} \tag{2.181}
$$

Das kovariante Hamilton'sche Prinzip war der Ausgangspunkt der Überlegungen, woraus die Bewegungsgleichungen (2.170) folgen. Das bedeutet hier für das kräftefreie Teilchen:

$$
\frac{\partial \overline{L}_0}{\partial x^\mu} = 0 \quad\longrightarrow\quad \frac{\mathrm{d}}{\mathrm{d}\tau} p_\mu^{(0)} = m\frac{\mathrm{d}}{\mathrm{d}\tau} u_\mu = -\frac{\mathrm{d}}{\mathrm{d}\tau}\frac{\partial \overline{L}_0}{\partial u^\mu} = 0 \tag{2.182}
$$

$$
p^\mu_{(0)} = m\frac{\mathrm{d}}{\mathrm{d}\tau} u^\mu = 0 \tag{2.183}
$$

Der Ansatz (2.181) für $\overline{L}_0$ erscheint korrekt.

2) Geladenes Teilchen im elektromagnetischen Feld

Wir suchen in diesem Beispiel, das in Abschn. 1.2.3, Bd. 2 unter dem Stichwort *verallgemeinerte Potentiale* ausführlich besprochen wurde, nach der kovarianten Lagrange-Funktion $\overline{L}$, aus der sich die Lorentz-Kraftgleichung,

$$
\boldsymbol{F} = q(\boldsymbol{E} + \boldsymbol{v}\times\boldsymbol{B})\,,
$$

ableitet. Nichtrelativistisch gilt (s. (1.79), Bd. 2):

$$
L(\boldsymbol{x},\boldsymbol{v},t) = \frac{m}{2}v^2 + q(\boldsymbol{v}\cdot\boldsymbol{A}) - q\varphi\,. \tag{2.184}
$$

$\varphi(\boldsymbol{x},t)$ ist das skalare Potential und $\boldsymbol{A}(\boldsymbol{x},t)$ das Vektorpotential. Der kinetische Anteil sollte mit L_0 aus Beispiel 1) identisch sein, während sich die beiden elektromagnetischen Anteile vermutlich bereits relativistisch korrekt verhalten. Mit (2.172) für L_0 verwenden wir im Wirkungsfunktional

$$L = L_0 + q(\boldsymbol{v} \cdot \boldsymbol{A}) - q\,\varphi$$

und ersetzen wie in Beispiel 1) die Zeit t durch die Eigenzeit τ. Der Vergleich mit (2.169) führt dann zu dem folgenden Ansatz:

$$\begin{aligned}\overline{L} &= \gamma L = \gamma L_0 + q(\gamma\, \boldsymbol{v} \cdot \boldsymbol{A}) - q\,\gamma\,\varphi \\ &= \overline{L}_0 + q\left[\gamma\ \boldsymbol{v} \cdot \boldsymbol{A} - (\gamma c)\left(\frac{1}{c}\varphi\right)\right] .\end{aligned}$$

Mit (2.29), (2.40) und (2.107) erkennen wir auf der rechten Seite das Skalarprodukt aus Vierer-Geschwindigkeit u^μ und Vierer-Potential A^μ:

$$\overline{L}\left(x^\mu, u^\mu, \tau\right) = \overline{L}_0\left(u^\mu\right) - q\left(u^\mu A_\mu\right) . \tag{2.185}$$

Wir überprüfen, ob aus diesem mehr oder weniger *erratenen* Ansatz für $\overline{L}$ die bekannte Bewegungsgleichung folgt. Dazu setzen wir $\overline{L}$ in die kovariante Lagrange-Gleichung (2.170) ein:

$$\frac{\mathrm{d}}{\mathrm{d}\tau}\frac{\partial \overline{L}}{\partial u^\mu} \overset{(2.180)}{=} -m\frac{\mathrm{d}}{\mathrm{d}\tau}u_\mu - q\frac{\mathrm{d}}{\mathrm{d}\tau}A_\mu \overset{!}{=} \frac{\partial \overline{L}}{\partial x^\mu} = -q\frac{\partial}{\partial x^\mu}\left(u^\alpha A_\alpha\right) .$$

Es sollte also gelten:

$$m\frac{\mathrm{d}}{\mathrm{d}\tau}u_\mu = q\left[\partial_\mu\left(u^\alpha A_\alpha\right) - \frac{\mathrm{d}}{\mathrm{d}\tau}A_\mu\right] \overset{!}{=} K_\mu . \tag{2.186}$$

Wenn unser Ansatz (2.185) sich tatsächlich als richtig erweist, dann haben wir, gewissermaßen als Nebenprodukt, mit (2.186) eine neue Darstellung für die Minkowski-Kraft einesgeladenen Teilchens im elektromagnetischen Feld gefunden.

Wir kontrollieren zunächst die **Raumkomponenten**, von denen wir annehmen, dass sie auf die bekannte Lorentz-Kraft führen. Wie üblich wollen wir die **kontravariante** Version des Vierer-Vektors (2.186),

$$K^\mu = q\left[\partial^\mu\left(u^\alpha A_\alpha\right) - \frac{\mathrm{d}}{\mathrm{d}\tau}A^\mu\right] , \tag{2.187}$$

diskutieren. Mit (2.31) und (2.38) gilt dann

$$K_i = q\left[-\frac{\partial}{\partial x_i}(-\gamma\ \boldsymbol{v} \cdot \boldsymbol{A} + \gamma\,\varphi) - \gamma\frac{\mathrm{d}}{\mathrm{d}t}A_i\right] , \qquad i \in (x, y, z) .$$

Nach (2.158) sollte somit für die kartesischen Komponenten der Lorentz-Kraft

$$F_i = \frac{1}{\gamma}K_i = q\left[\frac{\partial}{\partial x_i}(\boldsymbol{v} \cdot \boldsymbol{A}) - \frac{\partial \varphi}{\partial x_i} - \frac{\mathrm{d}}{\mathrm{d}t}A_i\right]$$

folgen. Benutzt man

$$\frac{\mathrm{d}}{\mathrm{d}t}A_i = \boldsymbol{v}\cdot\nabla A_i + \frac{\partial A_i}{\partial t}\,,$$

so kann man folgende Umformung vornehmen:

$$\begin{aligned}(\boldsymbol{v}\times\operatorname{rot}\boldsymbol{A})_x &= v_y(\operatorname{rot}\boldsymbol{A})_z - v_z(\operatorname{rot}\boldsymbol{A})_y\\ &= v_y\left(\frac{\partial}{\partial x}A_y - \frac{\partial}{\partial y}A_x\right) - v_z\left(\frac{\partial}{\partial z}A_x - \frac{\partial}{\partial x}A_z\right)\\ &= \frac{\partial}{\partial x}(\boldsymbol{v}\cdot\boldsymbol{A}) - v_x\frac{\partial}{\partial x}A_x - v_y\frac{\partial}{\partial y}A_x - v_z\frac{\partial}{\partial z}A_x\\ &= \frac{\partial}{\partial x}(\boldsymbol{v}\cdot\boldsymbol{A}) - \boldsymbol{v}\cdot\nabla\, A_x\\ &= \frac{\partial}{\partial x}(\boldsymbol{v}\cdot\boldsymbol{A}) - \frac{\mathrm{d}}{\mathrm{d}t}A_x + \frac{\partial}{\partial t}A_x\,.\end{aligned}$$

Ganz analog berechnen sich die beiden anderen Komponenten:

$$\frac{\partial}{\partial x_i}(\boldsymbol{v}\cdot\boldsymbol{A}) - \frac{\mathrm{d}}{\mathrm{d}t}A_i = (\boldsymbol{v}\times\operatorname{rot}\boldsymbol{A})_i - \frac{\partial}{\partial t}A_i\,.$$

Dies ergibt für die Kraftkomponenten F_i:

$$F_i = q\left[-\frac{\partial\varphi}{\partial x_i} - \frac{\partial A_i}{\partial t} + (\boldsymbol{v}\times\operatorname{rot}\boldsymbol{A})_i\right]\,.$$

Die ersten beiden Summanden stellen gerade die i-te Komponente des elektrischen Feldes $\boldsymbol{E}$ dar ((4.21), Bd. 3), sodass die Raumkomponenten der Vierer-Kraft (2.187) in der Tat auf die korrekte Lorentz-Kraft,

$$\boldsymbol{F} = q\left(-\nabla\varphi - \dot{\boldsymbol{A}} + \boldsymbol{v}\times\operatorname{rot}\boldsymbol{A}\right) = q(\boldsymbol{E} + \boldsymbol{v}\times\boldsymbol{B})\,, \tag{2.188}$$

führen. – Zu überprüfen bleibt noch die **Zeitkomponente:**

$$K^0 = q\left[\frac{1}{c}\frac{\partial}{\partial t}(-\gamma\,\boldsymbol{A}\cdot\boldsymbol{v} + \gamma\,\varphi) - \gamma\frac{\mathrm{d}}{\mathrm{d}t}\left(\frac{1}{c}\varphi\right)\right]\,.$$

Wir setzen

$$\frac{\mathrm{d}}{\mathrm{d}t}\varphi = \nabla\varphi\cdot\boldsymbol{v} + \frac{\partial}{\partial t}\varphi$$

ein und erhalten:

$$K^0 = \frac{1}{c}q\gamma\left(-\boldsymbol{v}\cdot\frac{\partial\boldsymbol{A}}{\partial t} - \nabla\varphi\cdot\boldsymbol{v}\right) = \frac{1}{c}q\,\gamma(\boldsymbol{E}\cdot\boldsymbol{v})\,.$$

Dies lässt sich mit (2.188) als

$$K^0 = \gamma \frac{\boldsymbol{F} \cdot \boldsymbol{v}}{c} \tag{2.189}$$

schreiben. Wir haben damit aus unserem Ansatz (2.185) für $\overline{L}$ die nach (2.157) und (2.158) korrekte Bewegungsgleichung abgeleitet:

$$K^\mu = m \frac{\mathrm{d}}{\mathrm{d}\tau} u^\mu = \gamma \left(\frac{\boldsymbol{F} \cdot \boldsymbol{v}}{c}, F_x, F_y, F_z \right) . \tag{2.190}$$

Unser Ansatz ist damit gerechtfertigt. – Wir können deshalb weiter folgern:

Kanonischer Impuls

$$p_\mu = -\frac{\partial \overline{L}}{\partial u^\mu} = m\, u_\mu + q\, A_\mu . \tag{2.191}$$

Dies ist die kovariante Version; die kontravariante ergibt sich einfach durch Umstellen der Indizes:

$$p^\mu = m\, u^\mu + q\, A^\mu . \tag{2.192}$$

Die **Raumkomponenten** $(i \in (x, y, z))$,

$$p_i = m\gamma\, v_i + q\, A_i , \tag{2.193}$$

enthalten neben dem relativistischen, mechanischen Impuls $p_{\mathrm{r}}^{(i)} = m\,\gamma\, v_i$ noch einen Zusatzterm $q\, A_i$, der allerdings **keinen** relativistischen Effekt darstellt, sondern bereits in dem entsprechenden nicht relativistischen Ausdruck ((1.80), Bd. 2) erscheint. Man hat also auch hier den kanonischen von dem mechanischen Impuls zu unterscheiden. – Betrachten wir schließlich noch die **Zeitkomponente** des kanonischen Impulses:

$$p^0 = m\gamma c + q \frac{1}{c} \varphi = \frac{1}{c} \left(m\gamma c^2 + q\, \varphi \right) .$$

Der erste Summand auf der rechten Seite ist gerade die relativistische kinetische Energie T_{r}, die wir in (2.54) eingeführt haben. Die Klammer stellt also die **Gesamtenergie des Teilchens** dar:

$$E = T_{\mathrm{r}} + q\, \varphi = m\gamma c^2 + q\, \varphi . \tag{2.194}$$

Für den **kanonischen Impuls** gilt somit:

$$p^\mu = \left(\frac{1}{c} E,\ m\gamma\, \boldsymbol{v} + q\boldsymbol{A} \right) \tag{2.195}$$

$$\equiv \left(\frac{1}{c} E,\ \boldsymbol{p} \right) . \tag{2.196}$$

Davon zu unterscheiden ist der **mechanische Impuls**,

$$p_{\mathrm{m}}^{\mu} = \left(\frac{T_{\mathrm{r}}}{c}, m\gamma \boldsymbol{v}\right) = \left(\frac{T_{\mathrm{r}}}{c}, \boldsymbol{p}_{\mathrm{r}}\right) = \left[\frac{1}{c}(E - q\varphi), \boldsymbol{p} - q\boldsymbol{A}\right] , \tag{2.197}$$

wie wir ihn in (2.57) eingeführt haben. Nun bleibt noch (2.62),

$$p_{\mathrm{m}}^{\mu} p_{\mathrm{m}\mu} = m^2 c^2 ,$$

auszunutzen,

$$m^2 c^2 = -(\boldsymbol{p} - q\boldsymbol{A})^2 + \frac{1}{c^2}(E - q\varphi)^2 ,$$

um wie folgt die

- relativistische Energie eines geladenen Teilchens im elektromagnetischen Feld

darzustellen:

$$E = \sqrt{(\boldsymbol{p} - q\boldsymbol{A})^2 c^2 + m^2 c^4} + q\varphi . \tag{2.198}$$

Dieser Ausdruck ist mit (2.63) zu vergleichen.

2.5 Aufgaben

Aufgabe 2.5.1

Zeigen Sie, dass der metrische Tensor der Speziellen Relativitätstheorie (2.19) ein kovarianter Tensor zweiter Stufe ist!

Aufgabe 2.5.2

1. a^{μ} sei ein beliebiger, kontravarianter Vierer-Vektor und b_{μ} irgendein vierkomponentiger Vektor. Dabei sei stets $a^{\mu} b_{\mu}$ eine Lorentz-Invariante. Zeigen Sie, dass dann b_{μ} ein kovarianter Vierer-Vektor sein muss!
2. $T_{\mu\nu}$ sei irgendein Tensor 2. Stufe und a^{μ} und c^{ν} seien beliebige kontravariante Vierer-Vektoren. Der Ausdruck $T_{\mu\nu} a^{\mu} c^{\nu}$ stelle dabei stets eine Lorentz-Invariante dar. Zeigen Sie, dass $T_{\mu\nu}$ dann ein kovarianter Tensor 2. Stufe sein muss.

Aufgabe 2.5.3

Führen Sie über

$$b^\mu = \frac{\mathrm{d}}{\mathrm{d}\tau} u^\mu \,, \qquad u^\mu : \text{Vierer-Geschwindigkeit} \,, \qquad \tau : \text{Eigenzeit}$$

die Vierer-Beschleunigung ein.

1. Zeigen Sie, dass die Beschleunigung im Minkowski-Raum stets orthogonal zur Geschwindigkeit ist.
2. Drücken Sie die Komponenten von b^μ explizit durch die der Systemgeschwindigkeit $\boldsymbol{v} = (v_x, v_y, v_z)$ aus!

Aufgabe 2.5.4

Damit der Astronaut sich bei seinem Flug durchs All in seiner Rakete stets wie „zu Hause" fühlt, wird dafür gesorgt, dass die Beschleunigung der Rakete in dem System Σ', indem sie „momentan ruht", konstant gleich der Erdbeschleunigung g ist. Die Anfangsgeschwindigkeit der Rakete zur Zeit $t = 0$ sei $v = 0$. Diskutieren Sie im Folgenden den Flug im „erdfesten" System Σ, wenn die Beschleunigung in z-Richtung wirkt.

1. Welche Geschwindigkeit $v(t)$ besitzt die Rakete im Erdsystem Σ für $t > 0$?
2. Schätzen Sie ab, nach welcher Zeit in einer nicht relativistischen Rechnung die Raketengeschwindigkeit die Lichtgeschwindigkeit überschreiten würde.
3. Berechnen Sie die zeitabhängige Position der Rakete im Erdsystem Σ.
4. Wie ändert sich die Energie der Rakete mit der Zeit?
5. Stellen Sie einen expliziten Zusammenhang zwischen der Eigenzeit τ („Alter") des Astronauten und der auf der Erde vergangenen Zeit t her!

Aufgabe 2.5.5

Betrachten Sie eine Rakete, auf die keine äußeren Kräfte wirken (gravitationsfreier Raum), und die durch ihren Massenausstoß angetrieben wird. Beim Start habe die Rakete die Masse M_0 und die Geschwindigkeit $v_0 = 0$ und zu einem späteren Zeitpunkt die Masse M und die Geschwindigkeit v relativ zum Erd-(Labor-) System. Von der Rakete wird die Masse $\mathrm{d}m$ mit der Geschwindigkeit v^* relativ zur Rakete nach hinten ausgestoßen. Berechnen Sie:

1. nicht-relativistisch,
2. relativistisch

die Geschwindigkeit v als Funktion der momentanen Raketenmasse M.

Aufgabe 2.5.6

Ein Teilchen bewege sich im Inertialsystem Σ mit der Geschwindigkeit

$$\boldsymbol{u} = u(t)\,\boldsymbol{e}_z$$

entlang der z-Achse. Zeigen Sie, dass seine Eigenzeit

$$\Delta\tau = \int_{\tau_1}^{\tau_2} \mathrm{d}\tau = \int_{t_1}^{t_2} \frac{1}{\gamma_{u(t)}}\,\mathrm{d}t \qquad \gamma_{u(t)} = \left(1 - \frac{u^2(t)}{c^2}\right)^{-\frac{1}{2}}$$

eine relativistische Invariante ist.

Aufgabe 2.5.7

Das Inertialsystem $\widehat{\Sigma}$ bewege sich relativ zu dem Inertialsystem Σ mit der Geschwindigkeit $\boldsymbol{v}$ in beliebiger Richtung.

1. In $\widehat{\Sigma}$ verschwinde das Magnetfeld $\widehat{\boldsymbol{B}} = 0$. Welcher Zusammenhang besteht dann zwischen $\boldsymbol{E}$, $\boldsymbol{B}$ und $\boldsymbol{v}$ in Σ? Was kann über $\boldsymbol{E}\cdot\boldsymbol{B}$ und $c^2\,\boldsymbol{B}^2 - \boldsymbol{E}^2$ ausgesagt werden?
2. Beantworten Sie dieselben Fragen für den Fall, dass in $\widehat{\Sigma}$ für das elektrische Feld $\widehat{\boldsymbol{E}} = 0$ gilt!

Aufgabe 2.5.8

Ein Teilchen mit der Ladung q bewege sich in einem Inertialsystem Σ mit der Geschwindigkeit

$$\boldsymbol{u} = (a, a, a)$$

in einem homogenen Magnetfeld $\boldsymbol{B} = (B, 0, 0)$. Σ' sei ein Inertialsystem, das sich relativ zu Σ mit der Geschwindigkeit $\boldsymbol{v} = v\,\boldsymbol{e}_z = \text{const}$ bewegt. Welche Kräfte wirken auf das Teilchen in Σ und Σ'?

Aufgabe 2.5.9

Zeigen Sie mit Hilfe der Transformationsformeln des elektromagnetischen Feldes, dass

$$\left(\boldsymbol{B} + \frac{\mathrm{i}}{c}\boldsymbol{E}\right)^2$$

eine Lorentz-Invariante ist.

Aufgabe 2.5.10

Zeigen Sie durch explizite Berechnung, dass sich die Komponenten des dualen Feldstärketensors $\overline{F}^{\mu\nu}$ aus denen des kovarianten Tensors $F_{\mu\nu}$ durch die Substitution

$$\boldsymbol{B} \longleftrightarrow -\frac{1}{c}\boldsymbol{E}$$

ergeben.

Aufgabe 2.5.11

Das Inertialsystem $\widehat{\Sigma}$ bewege sich relativ zu dem Inertialsystem Σ mit der Geschwindigkeit $\boldsymbol{v} = v\boldsymbol{e}_z = \text{const.}$ Zur Zeit $t = 0$ sollen die beiden Systeme zusammenfallen. Im Ursprung von $\widehat{\Sigma}$ befinde sich die Punktladung q.

1. Bestimmen Sie die Vierer-Potentiale $\hat{A}^\mu$ und A^μ in $\widehat{\Sigma}$ und Σ!
2. Berechnen Sie mit Hilfe von A^μ die elektromagnetischen Felder $\boldsymbol{E}$ und $\boldsymbol{B}$ der Punktladung in Σ. Welcher Zusammenhang besteht zwischen $\boldsymbol{E}$, $\boldsymbol{B}$ und $\boldsymbol{v}$? Vergleichen Sie das Ergebnis für $(\boldsymbol{E}, \boldsymbol{B})$ mit den aus dem Transformationsverhalten des Feldstärketensors abgeleiteten Formeln (2.142) und (2.143)!
3. Erfüllt das skalare Potential φ die Wellengleichung

$$\square\,\varphi = -\frac{\rho}{\varepsilon_0}$$

in Σ?

Aufgabe 2.5.12

Σ, Σ' seien zwei Inertialsysteme. Das elektromagnetische Feld in Σ sei $(\boldsymbol{E}, \boldsymbol{B})$ und in Σ' $(\boldsymbol{E}', \boldsymbol{B}')$. Das Feld $\boldsymbol{E}$ habe im ganzen Raum dieselbe Richtung. Σ' bewege sich relativ zu Σ mit der Geschwindigkeit $\boldsymbol{v}_0$ parallel zu $\boldsymbol{E}$; es gelte also $\boldsymbol{v}_0 = \alpha\boldsymbol{E}$. Im Koordinatenursprung von Σ befinde sich ein Teilchen der Ladung q. Benutzen Sie die Lorentz-Kraft auf das Teilchen, um zu zeigen, dass die Komponente von $\boldsymbol{E}'$ in Richtung von $\boldsymbol{E}$ gleich E ist.

Aufgabe 2.5.13

Σ und Σ' seien zwei Inertialsysteme, wobei sich Σ' relativ zu Σ mit der konstanten Geschwindigkeit $\boldsymbol{v} = v\boldsymbol{e}_z$ verschiebt. In Σ bewegt sich ein Teilchen mit der Ladung q und der Geschwindigkeit $\boldsymbol{u} = (a, b, d)$ in dem elektromagnetischen Feld:

$$\boldsymbol{B} = (0, B, 0) \quad \boldsymbol{E} = \frac{1}{\sqrt{2}}(E, E, 0) \,.$$

Welche Kräfte wirken auf das Teilchen in Σ und Σ'?

Aufgabe 2.5.14

1. Ein magnetischer Dipol sei parallel zur z-Achse ausgerichtet (*magnetisches Moment* $\boldsymbol{m} = m\,\boldsymbol{e}_z, m > 0$). Wie lauten die kartesischen Komponenten des $\boldsymbol{B}$-Feldes?
2. Berechnen Sie nun das $\boldsymbol{E}$- und $\boldsymbol{B}$-Feld eines gleichförmig in z-Richtung bewegten magnetischen Dipols, dessen Moment parallel zur z-Richtung orientiert ist. Zur Zeit $t = 0$ soll sich der Dipol im Nullpunkt von Σ befinden.
3. Schreiben Sie die Felder des bewegten magnetischen Dipols auf Zylinderkoordinaten um.
4. Welche Gestalt haben die elektrischen Feldlinien in der xy-Ebene? Wie ändert sich das elektrische Feld mit der Zeit?
5. Die $\boldsymbol{E}$-Linien beginnen oder enden **nicht** an elektrischen Ladungen. Unter welchen Bedingungen kann es solche elektrischen Felder geben?

Aufgabe 2.5.15

Σ und Σ' seien zwei Inertialsysteme, die sich relativ zueinander mit $\boldsymbol{v} = \text{const}$ bewegen. Geben Sie qualitative Argumente, warum in Σ ein elektrisches Feld erscheint, wenn in Σ' nur ein $\boldsymbol{B}'$-Feld vorhanden ist, bzw. warum in Σ ein magnetisches Feld erscheint, wenn in Σ' nur ein elektrisches Feld vorhanden ist.

Aufgabe 2.5.16

Ein Teilchen der Masse m und der Ladung q bewege sich in einem homogenen Magnetfeld

$$\boldsymbol{B} = (0, 0, B) .$$

1. Zeigen Sie, dass seine relativistische Energie zeitlich konstant ist.
2. Berechnen Sie die Zeitabhängigkeit des relativistischen Impulses mit der Anfangsbedingung $\boldsymbol{v}_0 = (v_0, 0, 0)$.
3. Berechnen Sie die Bahn $\boldsymbol{r}(t)$ des Teilchens mit $\boldsymbol{r}(t=0) = (0, y_0, 0)$, wobei $y_0 = \gamma \frac{m\,v_0}{q\,B}$ gelten soll.

Aufgabe 2.5.17

Ein geladenes Teilchen (Ladung q, Ruhemasse m) bewege sich in einem homogenen elektrischen Feld

$$\boldsymbol{E} = (E, 0, 0)$$

mit den Anfangsbedingungen

$$\boldsymbol{r}(t=0) = (0, 0, z_0) \; ; \quad \boldsymbol{v}(t=0) = (0, v_0, 0) .$$

1. Berechnen Sie die Zeitabhängigkeit der relativistischen kinetischen Energie $T_{\mathrm{r}} = T_{\mathrm{r}}(t)$.
2. Bestimmen Sie die Teilchengeschwindigkeit $\boldsymbol{v} = \boldsymbol{v}(t)$.
3. Wie sieht die Bahn $\boldsymbol{r}(t)$ des Teilchens aus?

Aufgabe 2.5.18

Die Ruhemasse $m(0)$ eines Elektrons, ausgedrückt in MeV, beträgt 0,511 MeV. Das Elektron werde durch eine Potentialdifferenz von 200 kV beschleunigt.

1. Berechnen Sie die *Massenzunahme* $m(v)/m(0)$.
2. Drücken Sie die Geschwindigkeit v in Einheiten von c aus.
3. Berechnen Sie den prozentualen Fehler, der sich bei der Berechnung von v ergibt, wenn man für die kinetische Energie den nicht relativistischen Ausdruck $T = \frac{1}{2}m(0)v^2$ verwendet.

Aufgabe 2.5.19

Betrachten Sie den elastischen Stoß zweier Teilchen gleicher Masse m im Inertialsystem Σ, in dem eines der beiden Teilchen *vor* dem Stoß ruht. Das andere habe vor dem Stoß die Energie T_r und den Impuls $\boldsymbol{p}_r$. Nach dem Stoß besitzen die beiden Teilchen die Energien T_{r1} und T_{r2} und die Impulse $\boldsymbol{p}_{r1}$ und $\boldsymbol{p}_{r2}$.

1. Berechnen Sie den Winkel ϑ zwischen den Impulsen $\boldsymbol{p}_{r1}$ und $\boldsymbol{p}_{r2}$ nach dem Stoß als Funktion von T_r und T_{r1}!
2. Diskutieren Sie die Grenzfälle $v \ll c$ und $v \approx c$, wobei v die Geschwindigkeit des (bewegten) Teilchens vor dem Stoß im System Σ ist.

Aufgabe 2.5.20

Ein *ruhendes* π^+-Meson zerfällt innerhalb $2{,}5 \cdot 10^{-8}$ s in ein μ^+-Meson und ein Neutrino. Das π^+-Meson habe eine kinetische Energie, die gleich seiner Ruheenergie ist.

1. Was ist die Geschwindigkeit des π^+-Mesons?
2. Welche Strecke legt das Meson vor seinem Zerfall zurück, gemessen von einem *ruhenden* Beobachter?

Aufgabe 2.5.21

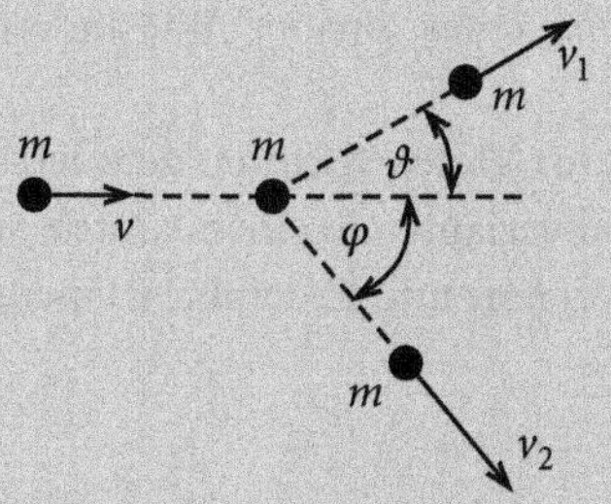

Abb. 2.5 Relativistischer Stoß zweier Teilchen gleicher Masse m, von denen eines vor dem Stoß ruht

Bei einem nicht relativistischen Stoß zweier Teilchen gleicher Masse bilden die Bahnen nach dem Stoß einen Winkel $\pi/2$. Zeigen Sie, dass für den relativistischen Stoß

$$\tan\varphi \, \tan\vartheta = \frac{2}{\gamma + 1}$$

gilt $\left(\gamma = \left(1 - v^2/c^2\right)^{-1/2}\right)$. Demonstrieren Sie $\vartheta + \varphi \leq \pi/2$, wobei das Gleichheitszeichen in der nicht relativistischen Grenze $(\gamma \to 1)$ gültig wird.

Aufgabe 2.5.22

Ein Photon (Ruhemasse $m = 0$) habe denselben Impuls wie ein 1 MeV-Elektron. Welche Energie hat das Photon?

Kontrollfragen

Zu Abschn. 2.1

1. Was versteht man unter der kovarianten Formulierung eines physikalischen Gesetzes?
2. Sind die Newton'schen Gesetze forminvariant gegenüber Lorentz-Transformationen?
3. Wie viele Komponenten besitzt ein Tensor nullter (erster, zweiter) Stufe?
4. Wie verhält sich ein kontravarianter (kovarianter) Vierer-Vektor bei einer Lorentz-Transformation?
5. Definieren Sie die drei verschiedenen Typen von Tensoren zweiter Stufe.
6. Welcher Tensortyp zweiter Stufe stellt im strengen Sinne eine Matrix dar?
7. Was bedeutet die *Verjüngung* eines Tensors? Wie ändert sich die *Tensorstufe* bei einer *Verjüngung*?
8. Wie ist das Skalarprodukt für Vierer-Vektoren definiert?
9. Wie *übersetzt* man einen kovarianten in einen kontravarianten Tensor?
10. Wie werden Gradient, Divergenz und d'Alembert-Operator in vierdimensionaler Formulierung geschrieben?

Zu Abschn. 2.2

1. Wie hängt das Differential $(\mathrm{d}\tau)^2$ der Eigenzeit mit dem differentiellen Längenquadrat $(\mathrm{d}s)^2$ zusammen?
2. Wie ist die Welt-(Vierer-)Geschwindigkeit u^μ definiert?
3. Welche Bedeutung hat die *Norm* der Welt-Geschwindigkeit?
4. Welche Überlegungen führen zu welchem *Ansatz* für die relativistische Verallgemeinerung des Newton'schen Trägheitsgesetzes?

5. Durch welche Analogiebetrachtung legt man die Raumkomponenten des Vierer-Impulses und der Minkowski-Kraft fest?
6. Wie lautet die Minkowski-Kraft K^{μ}?
7. Berechnen Sie das Skalarprodukt $K^{\mu}u^{\mu}$ von Minkowski-Kraft und Welt-Geschwindigkeit.
8. Welche physikalische Bedeutung besitzt die Zeitkomponente der Minkowski-Kraft?
9. Erläutern Sie den relativistischen Ausdruck für die kinetische Energie T_{r}. Wie sieht dieser für $v \ll c$ aus?
10. Was versteht man unter der Ruheenergie des Massenpunktes?
11. Welche Bedeutung hat die Zeitkomponente des Vierer-Impulses?
12. Welche einfache Beziehung besteht zwischen der Ruheenergie eines Teilchens und der Norm $p^{\mu}p_{\mu}$ des Vierer-Impulses?
13. Welcher Zusammenhang besteht in der Speziellen Relativitätstheorie zwischen Impuls- und Energieerhaltungssatz?
14. Erläutern Sie die Äquivalenz von Masse und Energie.
15. Welcher physikalische Prozess gestattet eine direkte Ableitung des relativistischen Impulses $\boldsymbol{p}_{\mathrm{r}}$ und der relativistischen kinetischen Energie T_{r}?
16. Wie verhalten sich $\boldsymbol{p}_{\mathrm{r}}$ und T_{r} bei einer Lorentz-Transformation?

Zu Abschn. 2.3

1. Was ist der Grund, warum Ladungsdichte ρ und Stromdichte $\boldsymbol{j}$ im Gegensatz zur Ladung q selbst keine Lorentz-Invarianten sind?
2. Wie ändern sich Ladungs- und Stromdichte beim Wechsel des Inertialsystems $\Sigma_0 \xrightarrow{v} \Sigma$?
3. Wie ist die Vierer-Stromdichte j^{μ} definiert?
4. Welche Bedeutung hat die Divergenz $\partial_{\mu}j^{\mu}$ der Vierer-Stromdichte?
5. Wie lautet die Kontinuitätsgleichung in kovarianter, vierdimensionaler Formulierung?
6. Aus welchen Komponenten besteht das elektromagnetische Vierer-Potential A^{μ}?
7. Formulieren Sie die kovariante Wellengleichung für die elektromagnetischen Potentiale. Welcher Bezug besteht zu den Maxwell-Gleichungen?
8. Wie schreibt sich die Lorentz-Eichung in kovarianter Form?
9. Welche Beziehung besteht im Minkowski-Raum zwischen dem elektrischen Feld $\boldsymbol{E}$ und der magnetischen Induktion $\boldsymbol{B}$?
10. Warum kann man den Feldstärketensor als vierdimensionale Verallgemeinerung der Rotation von A^{μ} auffassen?
11. Wie unterscheiden sich kovarianter und kontravarianter Feldstärketensor?
12. Nennen Sie eine Lorentz-Invariante des elektromagnetischen Feldes.
13. Ist es mit Hilfe einer Lorentz-Transformation möglich, ein reines $\boldsymbol{B}$-Feld in ein reines $\boldsymbol{E}$-Feld zu überführen?
14. Wie lassen sich die Maxwell-Gleichungen durch den Feldstärketensor ausdrücken? Demonstrieren Sie die Kovarianz.

15. Was versteht man unter dem dualen Feldstärketensor?
16. Durch welche Substitution der Felder erhält man aus dem kovarianten den dualen Feldstärketensor?
17. Wie kann man die homogenen Maxwell-Gleichungen durch den dualen Feldstärketensor darstellen?
18. Wie ändert sich das Skalarprodukt aus $\boldsymbol{E}$ und $\boldsymbol{B}$ beim Wechsel des Inertialsystems?
19. Ist das elektrische Feld einer bewegten Punktladung im Ruhesystem des Beobachters radial? Ist es auch isotrop?
20. Was gilt für die Amplitude $E(\beta)/E(0)$ des elektrischen Feldes einer Punktladung in Bewegungsrichtung ($\varphi = 0, \pi$) und senkrecht dazu ($\varphi = \pi/2$)?
21. Wie gelingt mit Hilfe des Feldstärke-Tensors die kovariante Formulierung der Lorentz-Kraft?

Zu Abschn. 2.4

1. Was besagt das Äquivalenzpostulat bezüglich des Wirkungsfunktionals S?
2. Formulieren Sie das kovariante Hamilton'sche Prinzip.
3. Wie lauten die kovarianten Lagrange'schen Bewegungsgleichungen?
4. Wie lautet die relativistisch korrekte Form der Lagrange-Funktion $\overline{L}_0$ eines kräftefreien Teilchens?
5. Wie berechnet sich der kanonische Impuls aus der relativistischen Lagrange-Funktion?
6. Begründen Sie die kovariante Lagrange-Funktion $\overline{L}$ eines Teilchens im elektromagnetischen Feld.
7. Drücken Sie die Minkowski-Kraft K^{μ} eines Teilchens im elektromagnetischen Feld durch die Welt-Geschwindigkeit u^{μ} und das Vierer-Potential A^{μ} aus.
8. Wie lautet die Zeitkomponente der auf ein Teilchen im elektromagnetischen Feld wirkenden Minkowski-Kraft?
9. Diskutieren Sie den Unterschied zwischen dem kanonischen und dem mechanischen Impuls eines Teilchens im elektromagnetischen Feld.
10. Wie hängt die Zeitkomponente des kanonischen Impulses eines Teilchens im elektromagnetischen Feld mit dessen Gesamtenergie E_{g} zusammen?
11. Formulieren Sie die relativistische Gesamtenergie eines geladenen Teilchens im elektromagnetischen Feld.

Lösungen der Übungsaufgaben

Abschnitt 1.6

Lösung zu Aufgabe 1.6.1

Σ und Σ' seien zwei Inertialsysteme, die sich mit der Geschwindigkeit $v = 0{,}8\,c$ in z-Richtung relativ zueinander bewegen. Σ sei das Ruhesystem der Erde, Σ' das des Raumschiffs:

$$\Sigma \xrightarrow{v} \Sigma' \,.$$

Die Koordinatenursprünge sollen genau dann zusammenfallen, wenn das Raumschiff den Abstand d von der Erde hat. (Das Raumschiff befinde sich im Ursprung von Σ'.) Nach (1.20) und (1.21) gilt:

$$z' = \gamma(z - vt)\,; \quad t' = \gamma\left(t - \frac{v}{c^2}z\right) .$$

In Σ wird das Signal im Raum-Zeit-Punkt

$$z_0 = -d\,; \quad t_0 = 0$$

ausgesendet, in Σ' dagegen bei:

$$z_0' = -\gamma\, d\,; \quad t_0' = \gamma \frac{v}{c^2} d\,.$$

Das Signal hat in Σ' die Geschwindigkeit c und erreicht das Schiff nach der Zeitspanne:

$$\Delta t' = \frac{\gamma\, d}{c} \quad \text{(Lösung für 2.).}$$

W. Nolting, *Grundkurs Theoretische Physik 4/1*, Springer-Lehrbuch,
DOI 10.1007/978-3-662-49031-0

Die *Signalankunft* hat in Σ die Koordinaten:

$$z_1 = \text{Schiffsposition zur Zeit } t_1 \,,$$
$$z_1 = v\,t_1 \,.$$

Wir suchen t_1. In Σ' gilt für den Punkt (z_1, t_1):

$$z_1' = \gamma(z_1 - v\,t_1) = 0 \,,$$
$$t_1' = \gamma\left(t_1 - \frac{v}{c^2}z_1\right) = \gamma\,t_1\left(1 - \frac{v^2}{c^2}\right) = \frac{t_1}{\gamma} \,.$$

Die Laufzeit beträgt also vom Schiff aus gesehen:

$$\Delta t' = t_1' - t_0' = \frac{t_1}{\gamma} - \frac{\gamma d}{c^2}v \,.$$

Wir setzen die beiden Ausdrücke für $\Delta t'$ gleich und lösen nach t_1 auf:

$$t_1 = \frac{\gamma^2 d}{c}\left(1 + \frac{v}{c}\right) = \frac{\mathrm{d}}{c - v} \,.$$

Da $t_0 = 0$ ist, folgt für die Laufzeit, gemessen auf der Erdstation:

$$\Delta t = t_1 - t_0 = \frac{\mathrm{d}}{c - v} \quad \text{(Lösung für 1.)} \,.$$

Zahlenwerte:

$$\gamma = \left(1 - (0{,}8)^2\right)^{-1/2} = \frac{5}{3} = 1{,}667$$
$$\Rightarrow \quad \Delta t = 3700\,\mathrm{s} \,,$$
$$\Delta t' = 11.100\,\mathrm{s} \,.$$

Von Σ' aus gesehen erreicht das Signal das Raumschiff in einem Erdabstand von

$$\begin{aligned}\Delta z' &= d + v\,\Delta t' \\ &= \left(6{,}66 \cdot 10^8 + 26{,}64 \cdot 10^8\right)\mathrm{km} \\ &= 3{,}33 \cdot 10^9\,\mathrm{km} \,.\end{aligned}$$

Lösung zu Aufgabe 1.6.2

$$v = \frac{3}{5}c \;\Rightarrow\; \gamma = \frac{5}{4}\,,$$
$$x = x' = 10\,\text{m}\,; \quad y = y' = 15\,\text{m}\,,$$
$$z = \gamma\,(z' + v\,t') = \frac{5}{4}\left(20 + \frac{9}{5}4\right)\text{m} = 34\,\text{m}\,,$$
$$t = \gamma\left(t' + \frac{v}{c^2}z'\right) = \frac{5}{4}\left(4 + \frac{1}{5}20\right)10^{-8}\,\text{s} = 1\cdot 10^{-7}\,\text{s}\,.$$

Lösung zu Aufgabe 1.6.3

$$t_1' = t_2' \;\Leftrightarrow\; \gamma\left(t_1 - \frac{v}{c^2}z_1\right) = \gamma\left(t_2 - \frac{v}{c^2}z_2\right)$$
$$\Leftrightarrow\; \frac{v}{c^2}(z_2 - z_1) = t_2 - t_1$$
$$\Leftrightarrow\; v = c^2\,\frac{t_2 - t_1}{z_2 - z_1} = c^2\,\frac{-\frac{1}{2}\frac{z_0}{c}}{z_0}$$
$$\Leftrightarrow\; v = -\frac{1}{2}c\,.$$

Die Zeit in Σ' bestimmt sich aus:

$$t' = \gamma\left(t_1 - \frac{v}{c^2}z_1\right) = \frac{1}{\sqrt{1-\frac{1}{4}}}\left(\frac{z_0}{c} + \frac{1}{2}\frac{z_0}{c}\right)$$
$$\Rightarrow\; t' = \sqrt{3}\,\frac{z_0}{c}\,.$$

Lösung zu Aufgabe 1.6.4

In Σ gilt:

$$z_1 = z_2\,; \quad t_2 - t_1 = 4\,\text{s}\,.$$

Σ' bewegt sich mit der Geschwindigkeit v gegenüber Σ. v bestimmen wir aus:

$$t_2' - t_1' = \gamma\left[t_2 - t_1 - \frac{v}{c^2}(z_2 - z_1)\right] = \gamma\,4\,\text{s} \stackrel{!}{=} 5\,\text{s}$$
$$\Rightarrow\; \gamma = \frac{5}{4} \;\Rightarrow\; \gamma^{-2} = \frac{16}{25} = \left(1 - \frac{v^2}{c^2}\right)$$
$$\Rightarrow\; v = \frac{3}{5}c\,.$$

Dies ergibt den räumlichen Abstand in Σ':

$$\begin{aligned} z_2' - z_1' &= \gamma\left[z_2 - z_1 - v\,(t_2 - t_1)\right] \\ &= \gamma\, v\,(t_1 - t_2) = (-4\,\mathrm{s})\frac{5}{4}\frac{3}{4}3 \cdot 10^8\,\frac{\mathrm{m}}{\mathrm{s}} \\ &= -\,0{,}9 \cdot 10^9\,\mathrm{m}\,. \end{aligned}$$

Lösung zu Aufgabe 1.6.5

In Σ wird gemessen:

$$t_1 = t_2\,; \quad z_2 - z_1 = 3\,\mathrm{km}\,.$$

In Σ' gilt dagegen:

$$z_2' - z_1' = 5\,\mathrm{km}\,.$$

Dies bedeutet:

$$\begin{aligned} 5\,\mathrm{km} &= \left[z_2 - z_1 - v\,(t_2 - t_1)\right]\,\gamma = \gamma\,3\,\mathrm{km} \\ &\Rightarrow\ \gamma = \frac{5}{3}\ \Rightarrow\ v = \frac{4}{5}c\,. \end{aligned}$$

Für den zeitlichen Abstand ergibt sich damit:

$$\begin{aligned} t_2' - t_1' &= -\gamma\frac{v}{c^2}\,(z_2 - z_1) \\ &= -\frac{5}{3}\frac{4}{5}\frac{1}{3} \cdot 10^{-5}\,\frac{\mathrm{s}}{\mathrm{km}}\,3\,\mathrm{km} = -\frac{4}{3} \cdot 10^{-5}\,\mathrm{s}\,. \end{aligned}$$

Lösung zu Aufgabe 1.6.6

Relativgeschwindigkeit $\boldsymbol{v}$ zwischen Inertialsystemen Σ und Σ' in beliebiger Raumrichtung

$$\boldsymbol{r}: \quad \text{Ortsvektor in } \Sigma\,.$$

Zerlegung:

$$\begin{aligned} \boldsymbol{r}_{\parallel} &= \frac{1}{v^2}(\boldsymbol{r}\cdot\boldsymbol{v})\boldsymbol{v}: && \text{Komponente parallel zu } \boldsymbol{v}\,, \\ \boldsymbol{r}_{\perp} &= \boldsymbol{r} - \boldsymbol{r}_{\parallel}: && \text{Komponente senkrecht zu } \boldsymbol{v}\,. \end{aligned}$$

Analoge Zerlegung in Σ':

$$\boldsymbol{r}' = \boldsymbol{r}'_{\parallel} + \boldsymbol{r}_{\perp}\,; \quad \boldsymbol{r}'_{\parallel} = \frac{1}{v^2}\,(\boldsymbol{r}' \cdot \boldsymbol{v})\,\boldsymbol{v}\,.$$

Die senkrechte Komponente bleibt bei der Transformation ungeändert:

$$\boldsymbol{r}'_{\perp} = \boldsymbol{r}_{\perp} = \boldsymbol{r} - \frac{1}{v^2}(\boldsymbol{r} \cdot \boldsymbol{v})\boldsymbol{v}\,.$$

Wir nutzen die Isotropie des Raumes aus, die uns gestattet, die z-Achse in Richtung von $\boldsymbol{v}$ zu drehen. Die anschließende Argumentation entspricht der des Spezialfalls $\boldsymbol{v} = v\,\boldsymbol{e}_z$, mit der (1.16) abgeleitet wurde:

$$r'_{\parallel} = \frac{1}{v}\,(\boldsymbol{r}' \cdot \boldsymbol{v}) = \gamma\left(\frac{1}{v}(\boldsymbol{r} \cdot \boldsymbol{v}) - vt\right)$$

$$t' = \gamma\left(t - \frac{\beta}{c}\underbrace{\frac{1}{v}(\boldsymbol{r} \cdot \boldsymbol{v})}_{r_{\parallel}}\right).$$

Damit bleibt insgesamt:

$$\boldsymbol{r}' = \boldsymbol{r} - \gamma\,\boldsymbol{v}t + \frac{\gamma - 1}{v^2}(\boldsymbol{r} \cdot \boldsymbol{v})\boldsymbol{v}$$

$$t' = \gamma\left(t - \frac{\beta}{c}\frac{1}{v}(\boldsymbol{r} \cdot \boldsymbol{v})\right).$$

Transformationsmatrix:

$$u_{x,y,z} = \frac{v_{x,y,z}}{v}\,, \qquad \beta = \frac{v}{c}$$

$$\hat{L} \equiv \begin{pmatrix} \gamma & -\beta\gamma u_x & -\beta\gamma u_y & -\beta\gamma u_z \\ -\gamma\frac{v_x}{c} & 1 + (\gamma - 1)u_x^2 & (\gamma - 1)u_x u_y & (\gamma - 1)u_x u_z \\ -\gamma\frac{v_y}{c} & (\gamma - 1)u_y u_x & 1 + (\gamma - 1)u_y^2 & (\gamma - 1)u_y u_z \\ -\gamma\frac{v_z}{c} & (\gamma - 1)u_z u_x & (\gamma - 1)u_z u_y & 1 + (\gamma - 1)u_z^2 \end{pmatrix}.$$

Spezialfall: $\boldsymbol{v} = v\,\boldsymbol{e}_x \quad \Rightarrow \quad u_x = 1\,, \quad u_y = u_z = 0$

$$\hat{L} \equiv \begin{pmatrix} \gamma & -\beta\gamma & 0 & 0 \\ -\beta\gamma & \gamma & 0 & 0 \\ 0 & 0 & 1 & 0 \\ 0 & 0 & 0 & 1 \end{pmatrix}.$$

Lösung zu Aufgabe 1.6.7

1. In Σ' tritt in z-Richtung die Längenkontraktion (1.28) auf:

$$\Sigma: \quad \boldsymbol{l}_0 = \left(\frac{1}{\sqrt{2}} l_0 \,,\, \frac{1}{\sqrt{2}} l_0\right) ,$$

$$\Sigma': \quad \boldsymbol{l}_0' = \left(\frac{1}{\sqrt{2}} l_0 \,,\, \frac{1}{\gamma}\frac{1}{\sqrt{2}} l_0\right) .$$

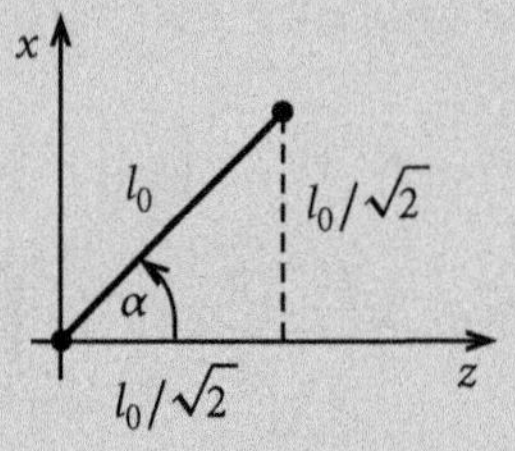

Abb. A.1

Dies bedeutet:

$$\tan\alpha' = \frac{l'_{0x}}{l'_{0z}} = \frac{\frac{1}{\sqrt{2}} l_0}{\frac{1}{\gamma}\frac{1}{\sqrt{2}} l_0} = \gamma$$

$$\Rightarrow \quad \alpha' = \arctan\gamma \,; \quad \gamma = \left(1 - \frac{v^2}{c^2}\right)^{-(1/2)} .$$

2. $\boldsymbol{u} \neq \boldsymbol{u}(t)$

$$\Rightarrow \quad \tan\alpha = \frac{u_x}{u_z} = \frac{v}{2v} = \frac{1}{2} \quad \Rightarrow \quad \alpha = \arctan\frac{1}{2} .$$

In Σ' gilt ((1.36), (1.38)):

$$u_x' = \frac{1}{\gamma}\frac{u_x}{1 - \frac{v\,u_z}{c^2}} \,; \quad u_z' = \frac{u_z - v}{1 - \frac{v\,u_z}{c^2}}$$

$$\Rightarrow \quad \tan\alpha' = \frac{u_x'}{u_z'} = \frac{1}{\gamma}\frac{u_x}{u_z - v} = \frac{1}{\gamma}\frac{v}{2v - v} = \frac{1}{\gamma}$$

$$\Rightarrow \quad \alpha' = \arctan\frac{1}{\gamma} .$$

3. Das Photon bewegt sich mit Lichtgeschwindigkeit:

$$\Rightarrow \; u_x = \frac{1}{\sqrt{2}}c\,; \quad u_z = \frac{1}{\sqrt{2}}c$$

$$\Rightarrow \; \tan\alpha' = \frac{1}{\gamma}\frac{u_x}{u_z - v} = \frac{c}{\gamma\left(c - \sqrt{2}v\right)}$$

$$\Rightarrow \; \alpha' = \arctan\left[\frac{c\sqrt{1-\frac{v^2}{c^2}}}{c - \sqrt{2}\,v}\right].$$

Lösung zu Aufgabe 1.6.8

$$\begin{aligned}\Sigma &: \text{ Ruhesystem des Beobachters}\\ \Sigma' &: \text{ Ruhesystem der Rakete}\,.\end{aligned}$$

Koordinatensystem so wählen, dass die beiden Ursprünge zur Zeit $t = t' = 0$ mit P_0 zusammenfallen.

1. $t'_a = 0\,; \quad t'_e = \frac{L_0}{c}$.
2. Σ bewegt sich relativ zu Σ' mit $(-v)$:

$$z = \gamma\left(z' + vt'\right)\,; \quad t = \gamma\left(t' + \frac{v}{c^2}z'\right),$$

$$t_a = 0\,,$$

$$\begin{aligned}t_e &= \gamma\left(t'_e + \frac{v}{c^2}z'_e\right) = \gamma\left[\frac{L_0}{c} + \frac{v}{c^2}(-L_0)\right]\\ &= \gamma\frac{L_0}{c}(1-\beta) = \frac{L_0}{c}\sqrt{\frac{(1-\beta)^2}{1-\beta^2}}\end{aligned}$$

$$\Rightarrow \; t_e = \frac{L_0}{c}\sqrt{\frac{1-\beta}{1+\beta}}\,.$$

3. $z_0 = 0 \;\Rightarrow\; z'_0 + v\,t'_0 = 0$
   z'_0: Position des Raketenendes in Σ', d. h.:

$$z'_0 = -L_0 \;\Rightarrow\; t'_0 = \frac{L_0}{v}\,.$$

   Gesucht ist t_0:

$$t_0 = \gamma\left(t'_0 + \frac{v}{c^2}z'_0\right) = \gamma\frac{L_0}{v}\left(1-\beta^2\right) = \frac{L_0}{\gamma v}\,.$$

Lösung zu Aufgabe 1.6.9

Aus der Lorentz-Transformation folgen für die Geschwindigkeitskomponenten die Formeln (1.36) bis (1.38). Diese sind für den angegebenen Spezialfall auszuwerten:

$$u_x = 0\,,\quad u_y = c\,,\quad u_z = 0 \quad\Rightarrow\quad u'_x = 0\,,\quad u'_y = \frac{1}{\gamma}c\,,\quad u'_z = -v$$

$$\Rightarrow\quad u' = \sqrt{\frac{c^2}{\gamma^2} + v^2} = \sqrt{c^2} = c$$

$$\boldsymbol{u}' = \left(0, \frac{1}{\gamma}c, -v\right) = c\left(0, \frac{1}{\gamma}, -\beta\right).$$

Lösung zu Aufgabe 1.6.10

a) $\boldsymbol{x}_1 - \boldsymbol{x}_2 = (-3\,\mathrm{m}, 0, -4\,\mathrm{m})$

$$\Rightarrow\quad |\boldsymbol{x}_1 - \boldsymbol{x}_2|^2 = 25\,\mathrm{m}^2\,,$$

$$c^2\,(t_1 - t_2)^2 = 9\cdot 10^{16}\,\frac{\mathrm{m}^2}{\mathrm{s}^2} 9\cdot 10^{-16}\,\mathrm{s}^2 = 81\,\mathrm{m}^2$$

$\Rightarrow$ Das Raum-Zeit-Intervall

$$s_{12}^2 = c^2\,(t_1 - t_2)^2 - |\boldsymbol{x}_1 - \boldsymbol{x}_2|^2 = 56\,\mathrm{m}^2 > 0$$

ist *zeitartig*. Es ist damit eine kausale Korrelation möglich! Allerdings ist durch keine Lorentz-Transformation Gleichzeitigkeit erreichbar.

b)

$$\boldsymbol{x}_1 - \boldsymbol{x}_2 = (3\,\mathrm{m}, -5\,\mathrm{m}, -5\,\mathrm{m})$$

$$\Rightarrow\quad |\boldsymbol{x}_1 - \boldsymbol{x}_2|^2 = 59\,\mathrm{m}^2\,,$$

$$c^2\,(t_1 - t_2)^2 = 9\cdot 10^{16}\frac{\mathrm{m}^2}{\mathrm{s}^2}\,4\cdot 10^{-16}\,\mathrm{s}^2 = 36\,\mathrm{m}^2\,.$$

Das Raum-Zeit-Intervall

$$s_{12}^2 = 36\,\mathrm{m}^2 - 59\,\mathrm{m}^2 = -23\,\mathrm{m}^2 < 0$$

ist *raumartig*. Es ist also **keine** kausale Korrelation möglich. Dafür ist Gleichzeitigkeit erreichbar.

$$\beta^2 = \frac{c^2\,(t_1 - t_2)^2}{|\boldsymbol{x}_1 - \boldsymbol{x}_2|^2} = \frac{36}{59} = 0{,}61\,.$$

Das Inertialsystem Σ' muss sich mit der Geschwindigkeit

$$v = 0{,}781\,c = 2{,}343 \cdot 10^8\,\frac{\mathrm{m}}{\mathrm{s}}$$

in Richtung $(\boldsymbol{x}_1 - \boldsymbol{x}_2)$ bewegen, um die Ereignisse in Σ' gleichzeitig erscheinen zu lassen.

Lösung zu Aufgabe 1.6.11

1. Zeitspanne, vom Erdboden aus gesehen:

$$\Delta t' = \frac{\Delta t}{\sqrt{1-\frac{v^2}{c^2}}}\,.$$

Die Lebensdauer τ des Myons in seinem eigenen Ruhesystem bedeutet im Erdsystem:

$$\Delta t_\tau = \frac{\tau}{\sqrt{1-\frac{v^2}{c^2}}}\,.$$

Damit das Myon am Erdboden ankommt, muss gelten:

$$\Delta t_\tau \overset{!}{\geq} \frac{H}{v}\,.$$

Dabei ist v die Myonengeschwindigkeit.

$$\varepsilon = \frac{c-v}{c} \curvearrowright \frac{v}{c} = 1-\varepsilon$$

$$\curvearrowright \frac{v^2}{c^2} = 1 - 2\varepsilon + \varepsilon^2 \approx 1 - 2\varepsilon \curvearrowright 1 - \frac{v^2}{c^2} \approx 2\varepsilon\,.$$

Bleibt zu fordern:

$$\Delta t_\tau \approx \frac{\tau}{\sqrt{2\varepsilon}} \overset{!}{\geq} \frac{H}{v}$$

$$\curvearrowright \varepsilon \leq \frac{1}{2}\left(\frac{\tau v}{H}\right)^2 \leq \frac{1}{2}\left(\frac{\tau c}{H}\right)^2$$

$$= \frac{1}{2}\left(\frac{2\cdot 10^{-6}\,\mathrm{s}\cdot 3\cdot 10^{10}\,\frac{\mathrm{cm}}{\mathrm{s}}}{30\cdot 10^5\,\mathrm{cm}}\right)^2 = \frac{1}{2}\left(2\cdot\frac{10^4}{10^6}\right)^2 = 2\cdot 10^{-4}\,.$$

Damit folgt

$$v = c(1-\varepsilon) \geq c\left(1 - 2\cdot 10^{-4}\right) = 0{,}998\,c\,.$$

2. Vom Myon aus gesehen beträgt der Abstand zur Erde wegen der Längenkontraktion:

$$H' = H\sqrt{1 - \frac{v^2}{c^2}} \approx H\sqrt{2\varepsilon}$$
$$\leq 30 \cdot 10^3\,\mathrm{m} \cdot \sqrt{4 \cdot 10^{-4}} = 600\,\mathrm{m}\,.$$

Die Strecke ist also kürzer als die 600 m, die das Myon in etwa innerhalb seiner Lebensdauer zurücklegen kann!

Lösung zu Aufgabe 1.6.12

Die Strahlen durchlaufen vor der Interferenz ein Rechteck, aber in entgegengesetzter Richtung. Das erlaubt eine sehr genaue Messung der Lichtgeschwindigkeit in einem mit der Geschwindigkeit v bewegten Medium.

- $v_1 = \pm v$:
  Geschwindigkeit der strömenden Flüssigkeit relativ zum „ruhenden" Laborsystem.
- $v_2 = \pm\frac{c}{n}$:
  Lichtgeschwindigkeit im Medium, also relativ zur strömenden Flüssigkeit.
- v_3:
  gesuchte Geschwindigkeit des Lichtes relativ zum Laborsystem.

Paralleler Strahlengang:

$$\textbf{oben:} \qquad \Sigma_1 \xrightarrow{v} \Sigma_2 \xrightarrow{\frac{c}{n}} \Sigma_3\,.$$

Additionstheorem für Geschwindigkeiten:

$$v_3^{\mathrm{p}} = \frac{v + \frac{c}{n}}{1 + \frac{v}{nc}} \approx \left(v + \frac{c}{n}\right)\left(1 - \frac{v}{nc}\right) \approx v + \frac{c}{n} - \frac{v}{n^2}\,.$$

Dabei wurde $v \ll c$ ausgenutzt. Es gilt also im oberen Rohr:

$$\left|v_3^{\mathrm{p}}\right| \approx \frac{c}{n} + v\left(1 - \frac{1}{n^2}\right)\,.$$

Für das untere Rohr gilt:

$$\textbf{unten:} \qquad \Sigma_1 \xrightarrow{-v} \Sigma_2 \xrightarrow{-\frac{c}{n}} \Sigma_3\,.$$

Das führt mit dem Additionstheorem für Geschwindigkeiten auf:

$$v_3^{\mathrm{p}} = \frac{-v - \frac{c}{n}}{1 + \frac{v}{nc}} \approx -\left(v + \frac{c}{n}\right)\left(1 - \frac{v}{nc}\right) \approx -v - \frac{c}{n} + \frac{v}{n^2}\,.$$

Das ergibt denselben Geschwindigkeitsbetrag:

$$\left|v_3^{\mathrm{p}}\right| \approx \frac{c}{n} + v\left(1 - \frac{1}{n^2}\right)\,.$$

Die benötigte Zeit bei parallelem Strahlengang in den beiden Rohrteilen beträgt also:

$$t_{\mathrm{p}} = \frac{2l}{\frac{c}{n} + v\left(1 - \frac{1}{n^2}\right)}\,.$$

antiparalleler Strahlengang:

$$\textbf{oben:} \qquad \Sigma_1 \xrightarrow{v} \Sigma_2 \xrightarrow{-\frac{c}{n}} \Sigma_3\,.$$

Additionstheorem für Geschwindigkeiten:

$$v_3^{\mathrm{ap}} = \frac{v - \frac{c}{n}}{1 - \frac{v}{nc}} \approx \left(v - \frac{c}{n}\right)\left(1 + \frac{v}{nc}\right) \approx v - \frac{c}{n} - \frac{v}{n^2} = -\frac{c}{n} + v\left(1 - \frac{1}{n^2}\right)\,.$$

Dabei wurde wieder $v \ll c$ ausgenutzt. Es gilt also im oberen Rohr bei antiparallelem Strahlengang:

$$\left|v_3^{\mathrm{ap}}\right| \approx \frac{c}{n} - v\left(1 - \frac{1}{n^2}\right)\,.$$

Für das untere Rohr gilt jetzt:

$$\textbf{unten:} \qquad \Sigma_1 \xrightarrow{-v} \Sigma_2 \xrightarrow{\frac{c}{n}} \Sigma_3\,.$$

Das führt mit dem Additionstheorem für Geschwindigkeiten auf:

$$v_3^{\mathrm{ap}} = \frac{-v + \frac{c}{n}}{1 - \frac{v}{nc}} \approx \left(-v + \frac{c}{n}\right)\left(1 + \frac{v}{nc}\right) \approx -v + \frac{c}{n} + \frac{v}{n^2} = \frac{c}{n} - v\left(1 - \frac{1}{n^2}\right)\,.$$

Das ergibt denselben Geschwindigkeitsbetrag wie im oberen Teil:

$$\left|v_3^{\mathrm{ap}}\right| \approx \frac{c}{n} - v\left(1 - \frac{1}{n^2}\right).$$

Die benötigte Zeit bei antiparallelem Strahlengang in den beiden Rohrteilen beträgt also:

$$t_{\mathrm{ap}} = \frac{2l}{\frac{c}{n} - v\left(1 - \frac{1}{n^2}\right)}\,.$$

Es ergibt sich eine Laufzeitdifferenz von

$$\Delta t = t_{\mathrm{ap}} - t_{\mathrm{p}} = 2l\left(\frac{1}{\frac{c}{n} - fv} - \frac{1}{\frac{c}{n} + fv}\right).$$

Der Fresnel'sche Mitführungskoeffizient berechnet sich damit zu:

$$f = 1 - \frac{1}{n^2}\,.$$

Bei einem $n = 1{,}33$ für Wasser ergibt sich ein durchaus messbarer Effekt. Die Übereinstimmung von Theorie und Experiment beweist die Korrektheit der Lorentz-Transformation, hier demonstriert am Additionstheorem für Geschwindigkeiten!

Abschnitt 2.5

Lösung zu Aufgabe 2.5.1

Definitionsgleichung für den metrischen Tensor ist (2.18):

$$(\mathrm{d}s)^2 = \mu_{\alpha\beta}\,\mathrm{d}x^\alpha\,\mathrm{d}x^\beta\,.$$

„Herunterziehen" eines Index:

$$\mu_{\alpha\beta}\,\mathrm{d}x^\beta = \mathrm{d}x_\alpha\,.$$

Damit erkennt man, dass

$$(\mathrm{d}s)^2 = \mathrm{d}x^\alpha\,\mathrm{d}x_\alpha = (\mathrm{d}x, \mathrm{d}x)$$

ein Skalarprodukt ist und damit eine Lorentz-Invariante. Das gilt dann auch für

$$\mu_{\alpha\beta}\,\mathrm{d}x^\alpha\,\mathrm{d}x^\beta\ .$$

Betrachte den Wechsel des Inertialsystems:

$$\Sigma \longrightarrow \widehat{\Sigma}$$

Es ist zu fordern:

$$\widehat{\mu}_{\alpha\beta}\,\mathrm{d}\hat{x}^\alpha\,\mathrm{d}\hat{x}^\beta \overset{!}{=} \mu_{\alpha\beta}\,\mathrm{d}x^\alpha\,\mathrm{d}x^\beta\ .$$

Andererseits gilt:

$$\widehat{\mu}_{\alpha\beta}\,\mathrm{d}\hat{x}^\alpha\,\mathrm{d}\hat{x}^\beta = \widehat{\mu}_{\alpha\beta}\,\frac{\partial\hat{x}^\alpha}{\partial x^\mu}\,\mathrm{d}x^\mu\,\frac{\partial\hat{x}^\beta}{\partial x^\lambda}\,\mathrm{d}x^\lambda = \widehat{\mu}_{\mu\lambda}\,\frac{\partial\hat{x}^\mu}{\partial x^\alpha}\,\frac{\partial\hat{x}^\lambda}{\partial x^\beta}\,\mathrm{d}x^\alpha\,\mathrm{d}x^\beta\ .$$

Im zweiten Schritt konnten wir wegen der Summenkonvention die Indizes vertauschen. Der Vergleich liefert:

$$\mu_{\alpha\beta} = \widehat{\mu}_{\mu\lambda}\,\frac{\partial\hat{x}^\mu}{\partial x^\alpha}\,\frac{\partial\hat{x}^\lambda}{\partial x^\beta}\ .$$

Transformationsverhalten:

$$\frac{\partial x^\alpha}{\partial\hat{x}^\rho}\,\frac{\partial x^\beta}{\partial\hat{x}^\sigma}\,\mu_{\alpha\beta} = \widehat{\mu}_{\mu\lambda}\,\frac{\partial x^\alpha}{\partial\hat{x}^\rho}\,\frac{\partial x^\beta}{\partial\hat{x}^\sigma}\,\frac{\partial\hat{x}^\mu}{\partial x^\alpha}\,\frac{\partial\hat{x}^\lambda}{\partial x^\beta} = \widehat{\mu}_{\mu\lambda}\,\delta_{\rho\mu}\,\delta_{\sigma\lambda} = \widehat{\mu}_{\rho\sigma}\ .$$

Das ist das Transformationsverhalten eines kovarianten Tensors zweiter Stufe!

Lösung zu Aufgabe 2.5.2

Wir benutzen die übliche Notation und beachten die Summenkonvention:

$$\Sigma \xrightarrow{L} \widehat{\Sigma}\,.$$

1. a^μ sei ein kontravarianter Vierer-Vektor ⤳

$$\hat{a}^\mu = \frac{\partial\hat{x}^\mu}{\partial x^\alpha}\,a^\alpha = L_{\mu\alpha}a^\alpha\ .$$

   x^μ ist der Ortsvektor im Minkowski-Raum. Sei nun b_μ ein vierkomponentiger Vektor mit zunächst unbekanntem Transformationsverhalten. Dann gilt:

$$\hat{a}^\mu\,\hat{b}_\mu = \frac{\partial\hat{x}^\mu}{\partial x^\alpha}\,a^\alpha\,\hat{b}_\mu$$

$$= a^\alpha \frac{\partial \hat{x}^\mu}{\partial x^\alpha} \hat{b}_\mu$$
$$= a^\mu \frac{\partial \hat{x}^\alpha}{\partial x^\mu} \hat{b}_\alpha$$
$$\overset{!}{=} a^\mu b_\mu \qquad \text{(Lorentz-Invariante).}$$

Im dritten Schritt haben wir lediglich die Indizes α und μ vertauscht, was wegen der Summenkonvention natürlich erlaubt ist. Da a^μ beliebig ist, folgt bereits

$$b_\mu = \frac{\partial \hat{x}^\alpha}{\partial x^\mu} \hat{b}_\alpha \,.$$

Transformationsverhalten:

$$\frac{\partial x^\mu}{\partial \hat{x}^\beta} b_\mu = \frac{\partial x^\mu}{\partial \hat{x}^\beta} \frac{\partial \hat{x}^\alpha}{\partial x^\mu} \hat{b}_\alpha = \underbrace{(\hat{L}^{-1})_{\mu\beta} L_{\alpha\mu}}_{\delta_{\alpha\beta}} \hat{b}_\alpha \,.$$

Also gilt:

$$\hat{b}_\beta = \frac{\partial x^\mu}{\partial \hat{x}^\beta} b_\mu \,.$$

b_μ transformiert sich somit wie ein kovarianter Vierer-Vektor.

2. Wir berechnen:

$$\hat{T}_{\mu\nu} \hat{a}^\mu \hat{c}^\nu = \hat{T}_{\mu\nu} \frac{\partial \hat{x}^\mu}{\partial x^\alpha} a^\alpha \frac{\partial \hat{x}^\nu}{\partial x^\beta} c^\beta$$
$$= \frac{\partial \hat{x}^\mu}{\partial x^\alpha} \frac{\partial \hat{x}^\nu}{\partial x^\beta} \hat{T}_{\mu\nu} a^\alpha c^\beta$$
$$= \frac{\partial \hat{x}^\alpha}{\partial x^\mu} \frac{\partial \hat{x}^\beta}{\partial x^\nu} \hat{T}_{\alpha\beta} a^\mu c^\nu \qquad \text{(Indizes } \mu, \alpha \text{ und } \nu, \beta \text{ vertauscht)}$$
$$\overset{!}{=} T_{\mu\nu} a^\mu c^\nu \qquad \text{(Lorentz-Invariante!)}$$

a^μ und c^ν beliebig $\curvearrowright$

$$T_{\mu\nu} = \frac{\partial \hat{x}^\alpha}{\partial x^\mu} \frac{\partial \hat{x}^\beta}{\partial x^\nu} \hat{T}_{\alpha\beta} \,.$$

Transformationsverhalten:

$$\frac{\partial x^\mu}{\partial \hat{x}^\gamma} \frac{\partial x^\nu}{\partial \hat{x}^\delta} T_{\mu\nu} = \frac{\partial x^\mu}{\partial \hat{x}^\gamma} \frac{\partial x^\nu}{\partial \hat{x}^\delta} \frac{\partial \hat{x}^\alpha}{\partial x^\mu} \frac{\partial \hat{x}^\beta}{\partial x^\nu} \hat{T}_{\alpha\beta} = \delta_{\alpha\gamma} \delta_{\delta\beta} \hat{T}_{\alpha\beta} = \hat{T}_{\gamma\delta} \,.$$

$T_{\mu\nu}$ ist also ein kovarianter Tensor 2. Stufe.

Lösung zu Aufgabe 2.5.3

Nach (2.40) gilt für die Vierer-Geschwindigkeit:

$$u^\mu = \gamma(v)(c, \boldsymbol{v}) \ .$$

Die Eigenzeit τ ist lorentzinvariant. Damit ist

$$b^\mu = \frac{\mathrm{d}}{\mathrm{d}\tau} u^\mu$$

ein kontravarianter Vierer-Vektor.

a)

$$u_\mu u^\mu = \gamma^2 \left(c^2 - \boldsymbol{v}^2\right) = c^2 \ .$$

Daraus folgt:

$$\frac{\mathrm{d}}{\mathrm{d}\tau} u_\mu u^\mu = 0 = \mu_{\mu\nu} \frac{\mathrm{d}}{\mathrm{d}\tau} \left(u^\nu u^\mu\right) \ .$$

$\mu_{\mu\nu}$ ist der metrische Tensor. Man beachte die Summenkonvention. Es gilt somit:

$$0 = 2\,\mu_{\mu\nu}\, u^\nu \frac{\mathrm{d}}{\mathrm{d}\tau} u^\mu = 2\, u_\mu \frac{\mathrm{d}}{\mathrm{d}\tau} u^\mu = 2\, u_\mu b^\mu \ .$$

Dies ist die Behauptung:

$$(u, b) = u_\mu b^\mu = 0 \ .$$

b)

$$b^\mu = \frac{\mathrm{d}}{\mathrm{d}\tau} u^\mu = \frac{\mathrm{d}u^\mu}{\mathrm{d}t} \frac{\mathrm{d}t}{\mathrm{d}\tau} \ .$$

Es gilt nach (2.38):

$$\mathrm{d}t = \frac{\mathrm{d}\tau}{\sqrt{1 - \frac{v^2}{c^2}}} = \gamma\, \mathrm{d}\tau \ ,$$

und damit

$$b^\mu = \gamma \frac{\mathrm{d}u^\mu}{\mathrm{d}t} \ .$$

Wir benutzen

$$\begin{aligned} \frac{\mathrm{d}v}{\mathrm{d}t} &= \frac{\mathrm{d}}{\mathrm{d}t} \sqrt{v_x^2 + v_y^2 + v_z^2} \\ &= \frac{1}{v} \left(v_x \dot{v}_x + v_y \dot{v}_y + v_z \dot{v}_z\right) = \frac{\boldsymbol{v}}{v} \cdot \frac{\mathrm{d}\boldsymbol{v}}{\mathrm{d}t} \end{aligned}$$

zur Berechnung von

$$\frac{\mathrm{d}}{\mathrm{d}t}\gamma(v) = \left(1-\frac{v^2}{c^2}\right)^{-3/2}\frac{v}{c^2}\frac{\mathrm{d}v}{\mathrm{d}t} = (\gamma(v))^3\,\frac{1}{c^2}\left(\boldsymbol{v}\cdot\frac{\mathrm{d}\boldsymbol{v}}{\mathrm{d}t}\right).$$

Durch Einsetzen ergeben sich die Beschleunigungskomponenten:

$$b^0 = \gamma\frac{\mathrm{d}}{\mathrm{d}t}(\gamma c) = \frac{1}{c}\left(1-\frac{v^2}{c^2}\right)^{-2}\left(\boldsymbol{v}\cdot\frac{\mathrm{d}\boldsymbol{v}}{\mathrm{d}t}\right),$$

$$b^1 = \gamma\frac{\mathrm{d}}{\mathrm{d}t}(\gamma v_x) = \frac{\frac{\mathrm{d}v_x}{\mathrm{d}t}}{1-\frac{v^2}{c^2}} + \frac{v_x}{c^2}\left(1-\frac{v^2}{c^2}\right)^{-2}\left(\boldsymbol{v}\cdot\frac{\mathrm{d}\boldsymbol{v}}{\mathrm{d}t}\right),$$

$$b^2 = \gamma\frac{\mathrm{d}}{\mathrm{d}t}(\gamma v_y) = \frac{\frac{\mathrm{d}v_y}{\mathrm{d}t}}{1-\frac{v^2}{c^2}} + \frac{v_y}{c^2}\left(1-\frac{v^2}{c^2}\right)^{-2}\left(\boldsymbol{v}\cdot\frac{\mathrm{d}\boldsymbol{v}}{\mathrm{d}t}\right),$$

$$b^3 = \gamma\frac{\mathrm{d}}{\mathrm{d}t}(\gamma v_z) = \frac{\frac{\mathrm{d}v_z}{\mathrm{d}t}}{1-\frac{v^2}{c^2}} + \frac{v_z}{c^2}\left(1-\frac{v^2}{c^2}\right)^{-2}\left(\boldsymbol{v}\cdot\frac{\mathrm{d}\boldsymbol{v}}{\mathrm{d}t}\right).$$

Lösung zu Aufgabe 2.5.4

a) Momentanes Ruhesystem der Rakete Σ' (s. Lösung zu Aufgabe 2.5.3 für $v'_x = v'_y = v'_z = 0$; $\mathrm{d}v'_z/\mathrm{d}t = g$):

$$b'^{\mu} = \begin{pmatrix}0\\0\\0\\g\end{pmatrix}$$

$\Sigma' \to \Sigma$ durch Lorentz-Transformation des kontravarianten Vierer-Vektors

$$b^{\mu} = L_{\mu\lambda}\, b'^{\lambda} \quad\Rightarrow\quad b_z = b^3 = \gamma g = \frac{g}{\sqrt{1-v^2/c^2}}$$

$$v = v(t): \qquad \text{momentane Raketengeschwindigkeit } (\sim \boldsymbol{e}_z)\,.$$

Es gilt auch

$$b^3 = \frac{\mathrm{d}}{\mathrm{d}\tau}u_z = \gamma\frac{\mathrm{d}}{\mathrm{d}t}\gamma\, v_z$$

$$(v_z = v) \quad\Rightarrow\quad \gamma g = \gamma\frac{\mathrm{d}}{\mathrm{d}t}\gamma\, v \quad\Rightarrow\quad g = \frac{\mathrm{d}}{\mathrm{d}t}\left(\frac{v}{\sqrt{1-v^2/c^2}}\right).$$

Nach Integration folgt:

$$gt = \frac{v(t)}{\sqrt{1 - \frac{v^2(t)}{c^2}}} \,.$$

Auflösen nach $v(t)$:

$$v(t) = c\frac{gt/c}{\sqrt{1 + (gt/c)^2}} \quad \Rightarrow \quad v \underset{t \to \infty}{\longrightarrow} c \,.$$

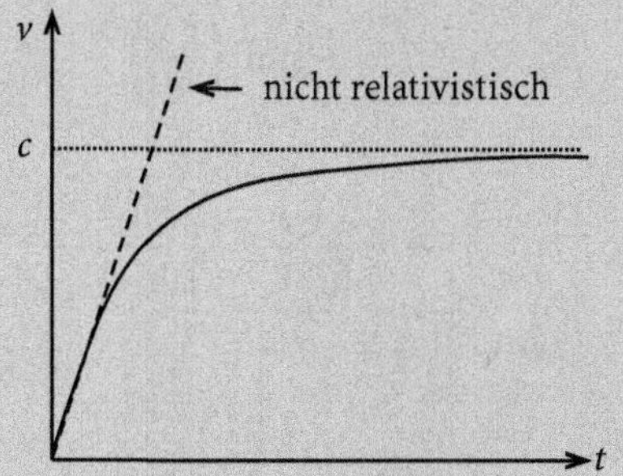

Abb. A.2

b) Etwa nach einem Jahr. Nichtrelativistisch gilt:

$$v = gt \simeq 9{,}8\,\frac{\mathrm{m}}{\mathrm{s}^2} \cdot 86.400\,\mathrm{s} \cdot 365 \approx 3 \cdot 10^8\,\frac{\mathrm{m}}{\mathrm{s}} \,.$$

c)

$$v(t) = \frac{\mathrm{d}z}{\mathrm{d}t} \qquad \text{mit} \qquad z(t = 0) = 0 \,,$$

$$z(t) = \frac{c^2}{g}\left(\sqrt{1 + (gt/c)^2} - 1\right) \,.$$

$$gt \ll c: \qquad z(t) \approx \frac{1}{2}gt^2 \,,$$

$$gt \gg c: \qquad z(t) \approx ct \,.$$

d)

$$T_\mathrm{r} = \frac{mc^2}{\sqrt{1 - v^2/c^2}} \,,$$

$$\sqrt{1 - v^2/c^2} = \frac{1}{\sqrt{1 + (gt/c)^2}} \quad \Rightarrow \quad T_\mathrm{r} = mc^2\sqrt{1 + (gt/c)^2} \,.$$

e) Eigenzeitintervall $\mathrm{d}\tau$:

$$\mathrm{d}\tau = \sqrt{1 - v^2/c^2}\,\mathrm{d}t\,; \qquad \sqrt{1 - v^2/c^2} = \frac{1}{\sqrt{1 + (gt/c)^2}}\,.$$

Integration:

$$\tau = \frac{c}{g}\ln\left(\frac{gt}{c} + \sqrt{1 + (gt/c)^2}\right)\,.$$

Umkehrung:

$$t = \frac{c}{g}\sinh\left(\frac{g\,\tau}{c}\right)\,.$$

Zahlenbeispiel:

τ (Jahre)	t (Jahre)
4	30
8	1855,6
40	$3{,}98 \cdot 10^{17}$
100	$2{,}95 \cdot 10^{44}$

Lösung zu Aufgabe 2.5.5

1. **nicht-relativistisch**:
(Momentaner) Impulssatz im **Laborsystem**:

$$Mv = (M - \mathrm{d}m)(v + \mathrm{d}v) + \mathrm{d}m(v - v^*)\,.$$

Links steht der Impuls vor, rechts der nach dem Ausstoß. Wir vernachlässigen quadratische Terme in den Differentialen:

$$Mv \approx Mv + M\,\mathrm{d}v - v^*\mathrm{d}m \;\curvearrowright\; M\,\mathrm{d}v = v^*\,\mathrm{d}m\,.$$

Sei $m = M_0 - M$ die Masse des bis dahin ausgestoßenen Treibstoffes, d. h. $\mathrm{d}m = -\mathrm{d}M$. Dann bleibt zu integrieren:

$$\frac{\mathrm{d}M}{M} = -\frac{1}{v^*}\,\mathrm{d}v$$

$$\int_{M_0}^{M} \mathrm{d}\ln M' = -\frac{1}{v^*}\int_0^v \mathrm{d}v'$$

mit dem Ergebnis:

$$v = v^* \ln \frac{M_0}{M} \,. \tag{A.1}$$

Für $M \to 0$ wächst also die Raketengeschwindigkeit über alle Grenzen.

alternativ:

Impulssatz im **Schwerpunktsystem**:

$$0 = (M - \mathrm{d}m)\,\mathrm{d}v_\mathrm{r} - v^*\,\mathrm{d}m \,.$$

Dabei ist $\mathrm{d}v_\mathrm{r}$ die durch den Ausstoß erzeugte Geschwindigkeit der Rakete relativ zum (eigenen)Ruhesystem. Vernachlässigt man wieder quadratische Terme in den Differentialen, so bleibt:

$$M\,\mathrm{d}v_\mathrm{r} \approx v^*\,\mathrm{d}m \,.$$

Nun gilt aber nach Galilei $v + \mathrm{d}v = v + \mathrm{d}v_\mathrm{r}$. Es ist also $\mathrm{d}v_\mathrm{r} = \mathrm{d}v$. Wir erhalten also dieselbe Differentialgleichung wie oben, mit demselben Ergebnis (A.1).

2. **relativistisch**

Es empfiehlt sich das **Schwerpunktsystem**, also das momentane Ruhesystem der Rakete.

relativistischer Impulssatz:

$$0 = \gamma_r(M - \mathrm{d}m)\,\mathrm{d}v_\mathrm{r} - \gamma^*\,\mathrm{d}\bar{m}\,v^*$$

$$\gamma_r = \left(1 - \left(\frac{\mathrm{d}v_\mathrm{r}}{c}\right)^2\right)^{-\frac{1}{2}} \quad \gamma^* = \left(1 - \left(\frac{v^*}{c}\right)^2\right)^{-\frac{1}{2}} \,.$$

Beachte, dass $\mathrm{d}m \neq \mathrm{d}\bar{m}$, da ein Teil der ausgestoßenen Masse $\mathrm{d}m$ für die kinetische Energie der davonfliegenden Masse $\mathrm{d}\bar{m}$ verbraucht wird. Quadratische Differentiale sollen wieder vernachlässigt werden, d. h. auch: $\gamma_r \approx 1$. Dann ergibt sich:

$$M\,\mathrm{d}v_\mathrm{r} = \frac{\mathrm{d}\bar{m}\,v^*}{\sqrt{1 - \left(\frac{v^*}{c}\right)^2}} \,. \tag{A.2}$$

Wir benötigen noch $\mathrm{d}\bar{m}$. Dazu benutzen wir den Energiesatz:

$$Mc^2 = \frac{(M - \mathrm{d}m)\,c^2}{\sqrt{1 - \left(\frac{\mathrm{d}v_\mathrm{r}}{c}\right)^2}} + \frac{\mathrm{d}\bar{m}\,c^2}{\sqrt{1 - \left(\frac{v^*}{c}\right)^2}}$$
$$\approx (M - \mathrm{d}m)\,c^2 + \frac{\mathrm{d}\bar{m}\,c^2}{\sqrt{1 - \left(\frac{v^*}{c}\right)^2}}$$
$$\curvearrowright\ \mathrm{d}m = \frac{\mathrm{d}\bar{m}}{\sqrt{1 - \left(\frac{v^*}{c}\right)^2}}\,. \tag{A.3}$$

Wie erwartet ist $\mathrm{d}m > \mathrm{d}\bar{m}$, da ein Teil der Masse in kinetische Energie verwandelt wurde. Einsetzen von (A.3) in (A.2) liefert mit

$$M\,\mathrm{d}v_\mathrm{r} = v^*\,\mathrm{d}m \tag{A.4}$$

eine Bestimmungsgleichung, die formal so auch nicht-relativistisch gilt. Allerdings muss nun beim Übergang vom Schwerpunkt- zum Laborsystem das Additionstheorem für Geschwindigkeiten beachtet werden. Im Laborsystem wird die Geschwindigkeitsänderung $v + \mathrm{d}v$ beobachtet:

$$v + \mathrm{d}v \cong \frac{v + \mathrm{d}v_\mathrm{r}}{1 + \frac{v\,\mathrm{d}v_\mathrm{r}}{c^2}} \approx (v + \mathrm{d}v_\mathrm{r})\left(1 - \frac{v\,\mathrm{d}v_\mathrm{r}}{c^2}\right)$$
$$\approx v + \mathrm{d}v_\mathrm{r} - \frac{v^2}{c^2}\mathrm{d}v_\mathrm{r} = v + (1 - \beta^2)\,\mathrm{d}v_\mathrm{r}$$
$$\curvearrowright\ \mathrm{d}v \approx (1 - \beta^2)\,\mathrm{d}v_\mathrm{r}\,.$$

Es ist also $\mathrm{d}v < \mathrm{d}v_\mathrm{r}$! Einsetzen in (A.4) ergibt:

$$\frac{M\,\mathrm{d}v}{1 - \beta^2} = v^*\,\mathrm{d}m\,.$$

Ist $m = M_0 - M$ wieder die Masse des bis dahin ausgestoßenen Treibstoffes, so folgt mit $\mathrm{d}m = -\mathrm{d}M$ die Bestimmungsgleichung

$$\frac{\mathrm{d}v}{1 - \beta^2} = -v^*\,\frac{\mathrm{d}M}{M}\,.$$

Diese lässt sich leicht integrieren:

$$\int_0^v \frac{\mathrm{d}v'}{1 - \beta'^2} = \frac{c}{2}\int_0^\beta (\mathrm{d}\ln(1+\beta) - \mathrm{d}\ln(1-\beta)) = -v^* \int_{M_0}^M \mathrm{d}\ln M$$

mit dem Resultat:

$$\frac{c}{2}\ln\frac{1+\beta}{1-\beta} = v^*\ln\frac{M_0}{M}\,. \tag{A.5}$$

In der nicht-relativistischen Grenze $\beta \ll 1$ ergibt sich hieraus wegen

$$\ln\frac{1+\beta}{1-\beta} = \ln(1+\beta) - \ln(1-\beta) \approx 2\beta$$

das Resultat (A.1). Mit

$$\frac{1+\beta}{1-\beta} = \left(\frac{M_0}{M}\right)^{\frac{2v^*}{c}}$$

folgt dagegen relativistisch korrekt:

$$v = c\,\frac{1-\left(\frac{M}{M_0}\right)^{\frac{2v^*}{c}}}{1+\left(\frac{M}{M_0}\right)^{\frac{2v^*}{c}}}\,. \tag{A.6}$$

Jetzt wächst v für $M \to 0$ nicht über alle Grenzen, sondern sättigt bei der Grenzgeschwindigkeit c.

Lösung zu Aufgabe 2.5.6

$$\Sigma \xrightarrow{v\,e_z} \widehat{\Sigma} \quad \text{Inertialsysteme}$$

zu zeigen:

$$\int\limits_{t_1}^{t_2} \frac{1}{\gamma_{u(t)}}\,dt \overset{!}{=} \int\limits_{\hat{t}_1}^{\hat{t}_2} \frac{1}{\gamma_{\hat{u}(\hat{t})}}\,d\hat{t}\,.$$

Dabei ist $\hat{u} = \hat{u}(\hat{t})$ die Teilchengeschwindigkeit in $\widehat{\Sigma}$ und

$$\gamma_{\hat{u}(\hat{t})} = \left(1 - \frac{\hat{u}^2(\hat{t})}{c^2}\right)^{-\frac{1}{2}}\,.$$

Transformationsformeln:

$$\hat{z} = \gamma_v(z(t) - vt) \curvearrowright \mathrm{d}\hat{z} = \gamma_v(u - v)\,\mathrm{d}t$$

$$\hat{t} = \gamma_v\left(t - \frac{v}{c^2}z(t)\right) \curvearrowright \mathrm{d}\hat{t} = \gamma_v\left(1 - \frac{v}{c^2}u\right)\mathrm{d}t$$

$$\curvearrowright \hat{u} = \frac{\mathrm{d}\hat{z}}{\mathrm{d}\hat{t}} = \frac{u - v}{1 - \frac{v}{c^2}u}\,.$$

Für jeden Punkt der Weltlinie des Teilchens gilt die Spezielle Relativitätstheorie und damit gelten diese Formeln! Wir substituieren nun $\hat{t} = \hat{t}(t)$ mit

$$\mathrm{d}t = \frac{1}{\gamma_v}\frac{1}{1 - \frac{v}{c^2}u(t)}\,\mathrm{d}\hat{t}$$

und berechnen:

$$\begin{aligned}
\int_{\hat{t}_1}^{\hat{t}_2} \frac{1}{\gamma_{\hat{u}}}\,\mathrm{d}\hat{t} &= \int_{\hat{t}_1}^{\hat{t}_2} \sqrt{1 - \frac{\hat{u}^2(\hat{t})}{c^2}}\,\mathrm{d}\hat{t} \\
&= \int_{t_1}^{t_2} \left(1 - \frac{1}{c^2}\frac{(u(t) - v)^2}{\left(1 - \frac{u(t)}{c^2}v\right)^2}\right)^{\frac{1}{2}} \gamma_v\left(1 - \frac{v}{c^2}u(t)\right)\mathrm{d}t \\
&= \int_{t_1}^{t_2} \left(\left(1 - \frac{v}{c^2}u(t)\right)^2 - \frac{1}{c^2}(u(t) - v)^2\right)^{\frac{1}{2}} \gamma_v\,\mathrm{d}t \\
&= \int_{t_1}^{t_2} \left(1 + \frac{v^2}{c^4}u^2(t) - \frac{2v}{c^2}u(t) - \frac{1}{c^2}u^2(t) - \frac{v^2}{c^2} + \frac{2u(t)v}{c^2}\right)^{\frac{1}{2}} \gamma_v\,\mathrm{d}t \\
&= \int_{t_1}^{t_2} \left(\left(1 - \frac{v^2}{c^2}\right)\left(1 - \frac{1}{c^2}u^2(t)\right)\right)^{\frac{1}{2}} \gamma_v\,\mathrm{d}t \\
&= \int_{t_1}^{t_2} \left(1 - \frac{1}{c^2}u^2(t)\right)^{\frac{1}{2}}\mathrm{d}t \\
&= \int_{t_1}^{t_2} \frac{1}{\gamma_u}\,\mathrm{d}t\,.
\end{aligned}$$

Daraus folgt in der Tat, dass die Eigenzeit eine Invariante ist, wie in Abschn. 2.2.1 bereits auf andere Weise gezeigt!

Lösung zu Aufgabe 2.5.7

Für $\Sigma \to \widehat{\Sigma}$ gelten die Transformationsformeln (2.142) und (2.143):

$$\widehat{\boldsymbol{E}} = \gamma\left(\boldsymbol{E} + c(\boldsymbol{\beta} \times \boldsymbol{B})\right) - \frac{\gamma^2}{1+\gamma}\boldsymbol{\beta}\,(\boldsymbol{\beta} \cdot \boldsymbol{E})$$

$$\widehat{\boldsymbol{B}} = \gamma\left(\boldsymbol{B} - \frac{1}{c}(\boldsymbol{\beta} \times \boldsymbol{E})\right) - \frac{\gamma^2}{1+\gamma}\boldsymbol{\beta}\,(\boldsymbol{\beta} \cdot \boldsymbol{B})\,; \quad \boldsymbol{\beta} = \frac{\boldsymbol{v}}{c}\,.$$

Für $\widehat{\Sigma} \to \Sigma$, d. h. $\boldsymbol{\beta} \to -\boldsymbol{\beta}$, gilt dann:

$$\boldsymbol{E} = \gamma\left(\widehat{\boldsymbol{E}} - c(\boldsymbol{\beta} \times \widehat{\boldsymbol{B}})\right) - \frac{\gamma^2}{1+\gamma}\boldsymbol{\beta}\,(\boldsymbol{\beta} \cdot \widehat{\boldsymbol{E}})$$

$$\boldsymbol{B} = \gamma\left(\widehat{\boldsymbol{B}} + \frac{1}{c}(\boldsymbol{\beta} \times \widehat{\boldsymbol{E}})\right) - \frac{\gamma^2}{1+\gamma}\boldsymbol{\beta}\,(\boldsymbol{\beta} \cdot \widehat{\boldsymbol{B}})\,.$$

1. $\widehat{\boldsymbol{B}} \equiv 0$

$$\boldsymbol{E} = \gamma\widehat{\boldsymbol{E}} - \frac{\gamma^2}{1+\gamma}\boldsymbol{\beta}\,(\boldsymbol{\beta} \cdot \widehat{\boldsymbol{E}})$$

$$\boldsymbol{B} = \frac{\gamma}{c}(\boldsymbol{\beta} \times \widehat{\boldsymbol{E}})\,.$$

Damit folgt:

$$\boldsymbol{\beta} \times \boldsymbol{E} = \gamma(\boldsymbol{\beta} \times \widehat{\boldsymbol{E}}) = c\boldsymbol{B}$$

$$\curvearrowright \quad \boldsymbol{B} = \frac{1}{c^2}(\boldsymbol{v} \times \boldsymbol{E})\,.$$

Lorentz-Invariante (Abschn. 2.3.5):

$$\boldsymbol{E} \cdot \boldsymbol{B} \;\text{ und }\; c^2\boldsymbol{B}^2 - \boldsymbol{E}^2\,.$$

Damit folgt aus $\widehat{\boldsymbol{E}} \cdot \widehat{\boldsymbol{B}} = 0$:

$$\boldsymbol{E} \cdot \boldsymbol{B} = 0$$

und aus

$$c^2\widehat{\boldsymbol{B}}^2 - \widehat{\boldsymbol{E}}^2 = -\widehat{\boldsymbol{E}}^2 < 0$$

ergibt sich

$$c^2\boldsymbol{B}^2 - \boldsymbol{E}^2 < 0\,.$$

2. $\widehat{\boldsymbol{E}} \equiv 0$

$$\curvearrowright \; \boldsymbol{E} = -\gamma c(\boldsymbol{\beta} \times \widehat{\boldsymbol{B}})$$
$$\boldsymbol{B} = \gamma \widehat{\boldsymbol{B}} - \frac{\gamma^2}{1+\gamma}\boldsymbol{\beta}\,(\boldsymbol{\beta} \cdot \widehat{\boldsymbol{B}})\,.$$

Dies bedeutet:

$$\boldsymbol{\beta} \times \boldsymbol{B} = \gamma(\boldsymbol{\beta} \times \widehat{\boldsymbol{B}}) = \gamma\left(-\frac{1}{\gamma c}\right)\boldsymbol{E}$$

und damit

$$\boldsymbol{E} = \boldsymbol{B} \times \boldsymbol{v}\,.$$

Lorentz-Invariante:

$$\widehat{\boldsymbol{E}} \cdot \widehat{\boldsymbol{B}} = 0 \;\curvearrowright\; \boldsymbol{E} \cdot \boldsymbol{B} = 0$$
$$c^2\widehat{\boldsymbol{B}}^2 - \widehat{\boldsymbol{E}}^2 = c^2\widehat{\boldsymbol{B}}^2 > 0 \;\curvearrowright\; c^2\boldsymbol{B}^2 - \boldsymbol{E}^2 > 0\,.$$

Lösung zu Aufgabe 2.5.8

In Σ gilt:

$$\boldsymbol{F} = q\,\boldsymbol{u} \times \boldsymbol{B} = q(0, a\,B, -a\,B) = q\,a\,B(0, 1, -1)\,.$$

In Σ' gilt ((2.165), (2.166), (2.167)):

$$F'_x = \frac{1}{\gamma}\frac{F_x}{1 - \frac{v\,u_z}{c^2}} = 0\,, \quad \gamma = \left(1 - \frac{v^2}{c^2}\right)^{-1/2}\,,$$
$$F'_y = \frac{1}{\gamma}\frac{F_y}{1 - \frac{v\,u_z}{c^2}} = \frac{1}{\gamma}\frac{q\,a\,B}{1 - \frac{v\,a}{c^2}}\,.$$

$\boldsymbol{F} \cdot \boldsymbol{u} = q\,a^2\,B(1-1) = 0$:

$$F'_z = \frac{F_z - \frac{v}{c^2}(\boldsymbol{F} \cdot \boldsymbol{u})}{1 - \frac{v\,u_z}{c^2}} = \frac{-q\,a\,B}{1 - \frac{v\,a}{c^2}}$$
$$\Rightarrow \; \boldsymbol{F}' = \frac{q\,a\,B}{1 - \frac{v\,a}{c^2}}\left(0, \frac{1}{\gamma}, -1\right)\,.$$

Lösung zu Aufgabe 2.5.9

Σ und Σ' seien zwei beliebige Inertialsysteme mit

$$\Sigma \xrightarrow{v} \Sigma' \quad (\boldsymbol{v} = v\,\boldsymbol{e}_z)\ .$$

Wir zeigen, dass

$$\left(\boldsymbol{B}' + \frac{\mathrm{i}}{c}\boldsymbol{E}'\right)^2 \stackrel{!}{=} \left(\boldsymbol{B} + \frac{\mathrm{i}}{c}\boldsymbol{E}\right)^2$$

gilt. Die Transformationsformeln (2.132) bis (2.137) ergeben:

$$B'_x + \frac{\mathrm{i}}{c}E'_x = \gamma\left(B_x + \frac{\mathrm{i}}{c}E_x\right) - \mathrm{i}\,\gamma\,\beta\left(B_y + \frac{\mathrm{i}}{c}E_y\right)\ ,$$

$$B'_y + \frac{\mathrm{i}}{c}E'_y = \gamma\left(B_y + \frac{\mathrm{i}}{c}E_y\right) + \mathrm{i}\,\gamma\beta\left(B_x + \frac{\mathrm{i}}{c}E_x\right)\ ,$$

$$B'_z + \frac{\mathrm{i}}{c}E'_z = B_z + \frac{\mathrm{i}}{c}E_z\ .$$

Daraus folgt:

$$\begin{aligned}\left(\boldsymbol{B}' + \frac{\mathrm{i}}{c}\boldsymbol{E}'\right)^2 &= \left(B_x + \frac{\mathrm{i}}{c}E_x\right)^2 \gamma^2(1-\beta^2)\\ &\quad + \left(B_y + \frac{\mathrm{i}}{c}E_y\right)^2 \gamma^2(1-\beta^2) + \left(B_z + \frac{\mathrm{i}}{c}E_z\right)^2\\ &= \left(\boldsymbol{B} + \frac{\mathrm{i}}{c}\boldsymbol{E}\right)^2\ .\end{aligned}$$

Lösung zu Aufgabe 2.5.10

Wegen $\overline{F}^{\mu\nu} = -\overline{F}^{\nu\mu}$ sind die Diagonalelemente Null,

$$\overline{F}^{\mu\mu} = F^{\mu\mu} = 0\ , \qquad \mu = 0, 1, 2, 3$$

und wir brauchen nur die Elemente $\overline{F}^{\mu\nu}$ mit $\mu < \nu$ zu berechnen:

$$\begin{aligned}\overline{F}^{12} &= \frac{1}{2}\varepsilon^{12\rho\sigma}F_{\rho\sigma} = \frac{1}{2}\left(\varepsilon^{1230}F_{30} + \varepsilon^{1203}F_{03}\right) =\\ &= \frac{1}{2}\left(-F_{30} + F_{03}\right) = F^{30} = \frac{1}{c}E_z\ ,\end{aligned}$$

$$\begin{aligned}
\overline{F}^{13} &= \frac{1}{2}\varepsilon^{13\rho\sigma}F_{\rho\sigma} = \frac{1}{2}\left(\varepsilon^{1320}F_{20} + \varepsilon^{1302}F_{02}\right)\\
&= \frac{1}{2}\left(F_{20} - F_{02}\right) = F^{02} = -\frac{1}{c}E_y\,,\\
\overline{F}^{01} &= \frac{1}{2}\varepsilon^{01\rho\sigma}F_{\rho\sigma} = \frac{1}{2}\left(\varepsilon^{0123}F_{23} + \varepsilon^{0132}F_{32}\right)\\
&= \frac{1}{2}\left(F_{23} - F_{32}\right) = F^{23} = -B_x\,,\\
\overline{F}^{23} &= \frac{1}{2}\varepsilon^{23\rho\sigma}F_{\rho\sigma} = \frac{1}{2}\left(\varepsilon^{2310}F_{10} + \varepsilon^{2301}F_{01}\right)\\
&= \frac{1}{2}\left(-F_{10} + F_{01}\right) = F^{10} = \frac{1}{c}E_x\,,\\
\overline{F}^{02} &= \frac{1}{2}\varepsilon^{02\rho\sigma}F_{\rho\sigma} = \frac{1}{2}\left(\varepsilon^{0213}F_{13} + \varepsilon^{0231}F_{31}\right)\\
&= \frac{1}{2}\left(-F_{13} + F_{31}\right) = F^{31} = -B_y\,,\\
\overline{F}^{03} &= \frac{1}{2}\varepsilon^{03\rho\sigma}F_{\rho\sigma} = \frac{1}{2}\left(\varepsilon^{0312}F_{12} + \varepsilon^{0321}F_{21}\right)\\
&= \frac{1}{2}\left(F_{12} - F_{21}\right) = F^{12} = -B_z\,.
\end{aligned}$$

Die Richtigkeit der Behauptung ist evident.

Lösung zu Aufgabe 2.5.11

$$\Sigma \xrightarrow{v e_z} \widehat{\Sigma}\,.$$

1. Punktladung q „ruht“ im Koordinatenursprung von $\widehat{\Sigma}$. Deshalb **Potentiale in $\widehat{\Sigma}$:**

$$\hat{\varphi} = \frac{q}{4\pi\varepsilon_0}\,\frac{1}{\hat{r}}\,;\qquad \hat{\boldsymbol{A}} = 0\,.$$

Dabei ist

$$\hat{r} = \sqrt{\hat{x}^2 + \hat{y}^2 + \hat{z}^2} = \sqrt{x^2 + y^2 + \gamma^2(z - vt)^2}\,.$$

Rechts ist $\hat{r}$ durch Σ-Koordinaten ausgedrückt. Damit ergibt sich das Vierer-Potential:

$$\hat{A}^\mu = \left(\frac{q}{4\pi\varepsilon_0 c}\,\frac{1}{\hat{r}}, 0, 0, 0\right)\,.$$

Potentiale in Σ

$$A^\mu = \left(\hat{L}^{-1}\right)_{\mu\alpha} \hat{A}^\alpha \quad \left(\hat{L}^{-1} \equiv \hat{L}(v \to -v)\right) .$$

Transformationsformeln:

$$A^0 = \gamma \hat{A}^0 + \gamma\beta \hat{A}^3 = \gamma \hat{A}^0 = \gamma \frac{q}{4\pi\varepsilon_0 c} \frac{1}{\hat{r}}$$

$$A^{1,2} = \hat{A}^{1,2} = 0$$

$$A^3 = \gamma\beta \hat{A}^0 + \gamma \hat{A}^3 = \gamma\beta \hat{A}^0 = \gamma\beta \frac{q}{4\pi\varepsilon_0 c} \frac{1}{\hat{r}}$$

$$\curvearrowright \; A^\mu = \frac{q}{4\pi\varepsilon_0} \frac{1}{\hat{r}} \gamma \frac{1}{c} (1, 0, 0, \beta) .$$

Das bedeutet explizit für die elektromagnetischen Potentiale:

$$\varphi(x, y, z, t) = \frac{q}{4\pi\varepsilon_0} \frac{\gamma}{\sqrt{x^2 + y^2 + \gamma^2 (z - vt)^2}}$$

$$\boldsymbol{A}(x, y, z, t) = \frac{q}{4\pi\varepsilon_0} \frac{v}{c^2} \frac{\gamma}{\sqrt{x^2 + y^2 + \gamma^2 (z - vt)^2}} (0, 0, 1) .$$

2. **Felder in Σ:**
   (a) Magnetische Induktion:

$$\boldsymbol{B} = \operatorname{rot} \boldsymbol{A} = \left(\frac{\partial}{\partial y} A_z, -\frac{\partial}{\partial x} A_z, 0 \right) .$$

Mit

$$\frac{\partial}{\partial y} \frac{1}{\hat{r}} = -\frac{y}{\hat{r}^3} ; \quad \frac{\partial}{\partial x} \frac{1}{\hat{r}} = -\frac{x}{\hat{r}^3}$$

folgt

$$\boldsymbol{B} = \frac{q}{4\pi\varepsilon_0} \gamma \frac{\beta}{c} \frac{1}{\hat{r}^3} (-y, x, 0) .$$

   (b) Elektrisches Feld:

$$\boldsymbol{E} = -\nabla\varphi - \dot{\boldsymbol{A}} = -\left(\frac{\partial\varphi}{\partial x}, \frac{\partial\varphi}{\partial y}, \frac{\partial\varphi}{\partial z} + \dot{A}_z \right) .$$

Dabei gilt:

$$\nabla\varphi = \frac{q}{4\pi\varepsilon_0} \gamma \left(-\frac{1}{\hat{r}^3} \right) \left(x, y, \gamma^2 (z - vt)\right)$$

außerdem:

$$\dot{\boldsymbol{A}} = \frac{q}{4\pi\varepsilon_0}\gamma\frac{v}{c^2}\left(-\frac{1}{\hat{r}^3}\right)(0, 0, -\gamma^2(z - vt)v)\ .$$

Dies bedeutet schlussendlich:

$$\boldsymbol{E} = \frac{q}{4\pi\varepsilon_0}\gamma\frac{1}{\hat{r}^3}(x, y, z - vt)\ .$$

Wegen

$$\boldsymbol{\beta}\times\boldsymbol{E} = \beta(-E_y, E_x, 0)$$

folgt offensichtlich:

$$\boldsymbol{B} = \frac{1}{c}(\boldsymbol{\beta}\times\boldsymbol{E})\ .$$

3. Man erkennt:

$$\frac{1}{c^2}\frac{\partial^2\varphi}{\partial t^2} = \frac{v^2}{c^2}\frac{\partial^2\varphi}{\partial z^2}$$

und damit

$$\Box\varphi = \left(\triangle - \frac{1}{c^2}\frac{\partial^2}{\partial t^2}\right)\varphi = \left(\frac{\partial^2}{\partial x^2} + \frac{\partial^2}{\partial y^2} + \left(1 - \frac{v^2}{c^2}\right)\frac{\partial^2}{\partial z^2}\right)\varphi$$

$$= \left(\frac{\partial^2}{\partial x^2} + \frac{\partial^2}{\partial y^2} + \frac{1}{\gamma^2}\frac{\partial^2}{\partial z^2}\right)\varphi\ .$$

Wir substituieren:

$$u = z - vt\ ; \quad v = \frac{1}{\gamma}y \quad w = \frac{1}{\gamma}x\ .$$

Dies bedeutet:

$$\frac{\partial}{\partial x} = \frac{1}{\gamma}\frac{\partial}{\partial w}\ ; \quad \frac{\partial}{\partial y} = \frac{1}{\gamma}\frac{\partial}{\partial v}\ ; \quad \frac{\partial}{\partial z} = \frac{\partial}{\partial u}\ .$$

Damit folgt:

$$\varphi = \frac{q}{4\pi\varepsilon_0}\frac{\gamma}{\sqrt{\gamma^2w^2 + \gamma^2v^2 + \gamma^2u^2}} = \frac{q}{4\pi\varepsilon_0}\frac{1}{\sqrt{w^2 + v^2 + u^2}}\ .$$

Es bleibt also zu berechnen:

$$\left(\frac{\partial^2}{\partial x^2} + \frac{\partial^2}{\partial y^2} + \frac{1}{\gamma^2}\frac{\partial^2}{\partial z^2}\right)\varphi = \frac{1}{\gamma^2}\left(\frac{\partial^2}{\partial w^2} + \frac{\partial^2}{\partial v^2} + \frac{\partial^2}{\partial u^2}\right)\varphi\ .$$

Andererseits gilt mit $\boldsymbol{r} \equiv (w, v, u)$:

$$\triangle_{w,v,u}\frac{1}{r} = -4\pi\,\delta(\boldsymbol{r}) = -4\pi\,\delta(w)\delta(v)\delta(u)\ .$$

Also kann man schreiben:

$$\left(\frac{\partial^2}{\partial x^2} + \frac{\partial^2}{\partial y^2} + \frac{1}{\gamma^2}\frac{\partial^2}{\partial z^2}\right)\varphi = -\frac{q}{4\pi\varepsilon_0}4\pi\frac{1}{\gamma^2}\gamma\delta(x)\gamma\delta(y)\delta(z-vt)$$
$$= -\frac{q}{\varepsilon_0}\delta(x)\delta(y)\delta(z-vt) = -\frac{\rho(\boldsymbol{r})}{\varepsilon_0}\,.$$

Das gilt für die Punktladung:

$$\rho(x,y,z) = q\,\delta(x)\delta(y)\delta(z-vt)\,.$$

Das war zu beweisen!

Lösung zu Aufgabe 2.5.12

- In Σ:
  Lorentz-Kraft auf Punktladung q:

$$\boldsymbol{F} = q(\boldsymbol{E} + \boldsymbol{v}\times\boldsymbol{B}]\,.$$

  Das Teilchen ist in Ruhe, d. h. $\boldsymbol{v} = 0$. Es bleibt also:

$$\boldsymbol{F} = q\boldsymbol{E}\,.$$

- In Σ':
  Teilchengeschwindigkeit: $\boldsymbol{v}' = -\boldsymbol{v}_0$. Damit lautet die Lorentz-Kraft:

$$\boldsymbol{F}' = q\left(\boldsymbol{E}' + (-\boldsymbol{v}_0)\times\boldsymbol{B}'\right)\,.$$

- Σ, Σ' sind zwei Inertialsysteme. Deshalb muss gelten: $\boldsymbol{F} = \boldsymbol{F}'$. Damit folgt:

$$\boldsymbol{E}' = \boldsymbol{E} + \boldsymbol{v}_0\times\boldsymbol{B}' = \boldsymbol{E} + \alpha\boldsymbol{E}\times\boldsymbol{B}'\,.$$

  Komponente in Richtung von $\boldsymbol{E}$:

$$\frac{1}{E}(\boldsymbol{E}'\cdot\boldsymbol{E}) = \frac{1}{E}(\boldsymbol{E}\cdot\boldsymbol{E}) + 0 = E\,.$$

  Das war zu zeigen.

Lösung zu Aufgabe 2.5.13

Kraft auf Ladung q in Σ:

$$\boldsymbol{F} = q(\boldsymbol{E} + \boldsymbol{u} \times \boldsymbol{B})$$

mit

$$\boldsymbol{u} = (a, b, d) \ ; \quad \boldsymbol{B} = (0, B, 0) \ ; \quad \boldsymbol{E} = \frac{1}{\sqrt{2}}(E, E, 0) \ .$$

Es gilt:

$$\boldsymbol{u} \times \boldsymbol{B} = (-Bd, 0, Ba) \ .$$

Das ergibt:

$$\boldsymbol{F} = q\left(\frac{1}{\sqrt{2}}E - Bd, \frac{1}{\sqrt{2}}E, Ba\right) \ .$$

Damit berechnen wir

$$\boldsymbol{F} \cdot \boldsymbol{u} = q\left(\left(\frac{1}{\sqrt{2}}E - Bd\right)a + \frac{1}{\sqrt{2}}Eb + Bad\right) = \frac{1}{\sqrt{2}}qE(a+b) \ .$$

Mit den Formeln (2.165), (2.166) und (2.167) finden wir dann die Kräfte in Σ':

$$F'_x = \frac{1}{\sqrt{1-\frac{v^2}{c^2}}} \frac{q\left(\frac{1}{\sqrt{2}}E - Bd\right)}{1-\frac{vd}{c^2}}$$

$$F'_y = \frac{1}{\sqrt{1-\frac{v^2}{c^2}}} \frac{q\frac{1}{\sqrt{2}}E}{1-\frac{vd}{c^2}}$$

$$F'_z = \frac{q\left(Ba - \frac{v}{c^2}\frac{1}{\sqrt{2}}E(a+b)\right)}{1-\frac{vd}{c^2}} \ .$$

Lösung zu Aufgabe 2.5.14

1. Nach Gleichung (3.45), Bd. 3 gilt:

$$\boldsymbol{B} = \frac{\mu_0}{4\pi}\left(\frac{3(\boldsymbol{r}\cdot\boldsymbol{m})\boldsymbol{r}}{r^5} - \frac{\boldsymbol{m}}{r^3}\right) ,$$

$$B_x = \frac{\mu_0}{4\pi}\frac{3\,m\,z\,x}{r^5} \ ; \quad B_y = \frac{\mu_0}{4\pi}\frac{3\,m\,z\,y}{r^5} \ ,$$

$$B_z = \frac{\mu_0}{4\pi}\frac{m}{r^5}\left(2z^2 - x^2 - y^2\right) \ .$$

2. Σ' sei das Ruhesystem des Dipols. Nach Teil 1. herrschen dort die Felder:

$$B'_x = \frac{\mu_0}{4\pi}\,\frac{3\,m\,z'\,x'}{r'^5}\,; \quad B'_y = \frac{\mu_0}{4\pi}\,\frac{3\,m\,z'\,y'}{r'^5}\,,$$

$$B'_z = \frac{\mu_0}{4\pi}\,\frac{m}{r'^5}\left(2\,z'^2 - x'^2 - y'^2\right)\,,$$

$$\boldsymbol{E}' \equiv 0\,; \qquad r' = \sqrt{x'^2 + y'^2 + z'^2}\,.$$

In Σ gilt nach (2.132) bis (2.137):

$$B_x = \gamma\,B'_x = \gamma\frac{\mu_0}{4\pi}\,3m\,\frac{z'x'}{r'^5}\,,$$

$$x' = x\,;\; y' = y\,;\; z' = \gamma(z - v\,t)$$

$$\Rightarrow\; r' = \sqrt{x^2 + y^2 + \gamma^2(z - v\,t)^2}$$

$$\Rightarrow\; B_x = \gamma^2\frac{\mu_0}{4\pi}\,3m\,\frac{x(z - v\,t)}{\left[x^2 + y^2 + \gamma^2(z - v\,t)^2\right]^{5/2}}\,,$$

$$B_y = \gamma\,B'_y = \gamma^2\frac{\mu_0}{4\pi}\,3m\,\frac{y(z - v\,t)}{\left[x^2 + y^2 + \gamma^2(z - v\,t)^2\right]^{5/2}}\,,$$

$$B_z = B'_z = \frac{\mu_0}{4\pi}\,m\,\frac{2\gamma^2(z - v\,t)^2 - x^2 - y^2}{\left[x^2 + y^2 + \gamma^2(z - v\,t)^2\right]^{5/2}}\,,$$

$$E_x = +\gamma\,\beta\,c\,B'_y = v\,B_y\,,$$

$$E_y = -\gamma\,\beta\,c\,B'_x = -v\,B_x\,,$$

$$E_z = E'_z = 0\,.$$

3. $$\boldsymbol{e}_\rho = (\cos\varphi, \sin\varphi, 0)\,; \quad \boldsymbol{e}_\varphi = (-\sin\varphi, \cos\varphi, 0)\,; \quad \boldsymbol{e}_z = (0, 0, 1)\,.$$

Elektrisches Feld:

$$\begin{aligned} E_\rho &= \boldsymbol{E}\cdot\boldsymbol{e}_\rho = E_x\cos\varphi + E_y\sin\varphi = v\left(B_y\cos\varphi - B_x\sin\varphi\right) \\ &= \ldots\left(y\cos\varphi - x\sin\varphi\right) = \ldots\left(\rho\sin\varphi\cos\varphi - \rho\cos\varphi\sin\varphi\right) = 0\,, \end{aligned}$$

$$E_\varphi = \boldsymbol{E} \cdot \boldsymbol{e}_\varphi = -E_x \sin\varphi + E_y \cos\varphi = -v\left(B_y \sin\varphi + B_x \cos\varphi\right)$$

$$= \gamma^2 \frac{\mu_0}{4\pi} 3m \frac{(z - vt)}{\left(x^2 + y^2 + \gamma^2 (z - vt)^2\right)^{5/2}} (-vy \sin\varphi - vx \cos\varphi)$$

$$= \ldots - v\rho\left(\sin^2\varphi + \cos^2\varphi\right) = \gamma^2 \frac{\mu_0}{4\pi} 3m \frac{-v(z - vt)\rho}{\left[\rho^2 + \gamma^2 (z - vt)^2\right]^{5/2}} ,$$

$$E_z = 0 ,$$

$$B_\rho = B_x \cos\varphi + B_y \sin\varphi = \frac{1}{v}\left(E_x \sin\varphi - E_y \cos\varphi\right) = -\frac{1}{v} E_\varphi ,$$

$$B_\varphi = -B_x \sin\varphi + B_y \cos\varphi = \frac{1}{v}\left(E_y \sin\varphi + E_x \cos\varphi\right) = \frac{1}{v} E_\rho = 0 ,$$

$$B_z = \frac{\mu_0}{4\pi} m \frac{2\gamma^2 (z - vt)^2 - \rho^2}{\left[\rho^2 + \gamma^2 (z - vt)^2\right]^{5/2}} .$$

4. Die $\boldsymbol{E}$-Linien sind in der xy-Ebene Kreise mit Mittelpunkt im Koordinatenursprung:

$$\boldsymbol{E} = E_\varphi(t)\, \boldsymbol{e}_\varphi ,$$

$$E_\varphi(t; z = 0) = \gamma^2 \frac{\mu_0}{4\pi} 3m \frac{v^2 t}{(\rho^2 + \gamma^2 v^2 t^2)^{5/2}} .$$

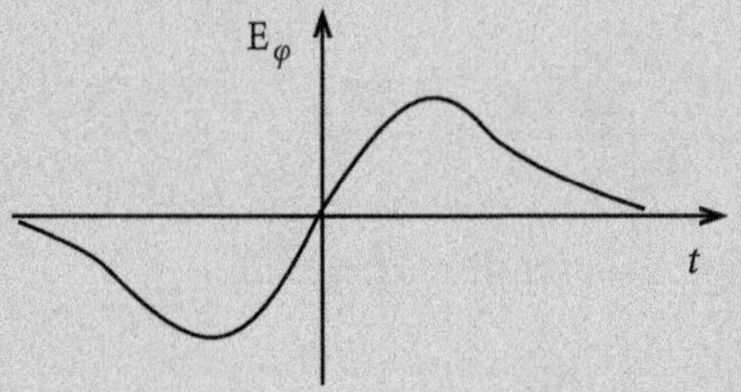

Abb. A.3

5. Geschlossene $\boldsymbol{E}$-Linien können wegen $\operatorname{rot} \boldsymbol{E} = -\dot{\boldsymbol{B}}$ dann auftreten, wenn ein zeitlich veränderliches Magnetfeld vorliegt.

Lösung zu Aufgabe 2.5.15

1. Eine in Σ zunächst ruhende Ladung erfährt in Σ' als dort bewegte Ladung von dem reinen $\boldsymbol{B}'$-Feld eine Beschleunigung. In Σ muss diese Beschleunigung aber von einem $\boldsymbol{E}$-Feld stammen, da die Ladung ja anfänglich ruht.

2. Das $\boldsymbol{E}'$-Feld in Σ' werde von in Σ' ruhenden Ladungen erzeugt, z. B.auf Kondensatorplatten. In Σ bewegen sich diese Ladungen und erzeugen damit ein $\boldsymbol{B}$-Feld.

Lösung zu Aufgabe 2.5.16

1. Für die Raumkomponenten der Minkowski-Kraft gilt:

$$\frac{\mathrm{d}}{\mathrm{d}\tau}\boldsymbol{p}_\mathrm{r} = \gamma\frac{\mathrm{d}}{\mathrm{d}t}\boldsymbol{p}_\mathrm{r} = \gamma\boldsymbol{F} = \gamma q(\boldsymbol{v}\times\boldsymbol{B}),$$

$$\boldsymbol{p}_\mathrm{r} = \gamma m\boldsymbol{v}$$

$$\Rightarrow\ \boldsymbol{p}_\mathrm{r}\cdot\frac{\mathrm{d}}{\mathrm{d}t}\boldsymbol{p}_\mathrm{r} = \gamma m q\,\boldsymbol{v}\cdot(\boldsymbol{v}\times\boldsymbol{B}) = 0 = \frac{1}{2}\frac{\mathrm{d}}{\mathrm{d}t}\boldsymbol{p}_\mathrm{r}^2$$

$$\Rightarrow\ \boldsymbol{p}_\mathrm{r}^2 = \text{const}\ \Rightarrow\ v^2 = \text{const}\ \Leftrightarrow\ \gamma(v) = \left(1-\frac{v^2}{c^2}\right)^{-1/2} = \text{const}\,.$$

Für die relativistische Energie gilt (2.63):

$$T_\mathrm{r} = \sqrt{c^2\boldsymbol{p}_\mathrm{r}^2 + m^2c^4} = \text{const}\,.$$

2. Anfangsbedingung: $p_\mathrm{r}(t=0) = m\gamma v_0(1,0,0)$

$$\dot{\boldsymbol{p}}_\mathrm{r} = q(\boldsymbol{v}\times\boldsymbol{B}) = q\left(v_y B, -v_x B, 0\right)$$
$$= \frac{1}{\gamma}\frac{qB}{m}\left(p_{\mathrm{r}y}, -p_{\mathrm{r}x}, 0\right)\,.$$

Erstes Teilergebnis: $p_{\mathrm{r}z} = \text{const}$

$$\omega \equiv \frac{qB}{m}\frac{1}{\gamma} \equiv \omega_0\frac{1}{\gamma} \qquad (\gamma = \text{const})\,.$$

$$\frac{\mathrm{d}}{\mathrm{d}t}\left(p_{\mathrm{r}x} + \mathrm{i}p_{\mathrm{r}y}\right) = \omega\left(p_{\mathrm{r}y} - \mathrm{i}p_{\mathrm{r}x}\right) = -\mathrm{i}\,\omega\left(p_{\mathrm{r}x} + \mathrm{i}p_{\mathrm{r}y}\right)$$

$$\Rightarrow\ \left(p_{\mathrm{r}x} + \mathrm{i}p_{\mathrm{r}y}\right)(t) = \left(p_{\mathrm{r}x} + \mathrm{i}p_{\mathrm{r}y}\right)(0)\,\mathrm{e}^{-\mathrm{i}\omega t}$$

$$\Rightarrow\ p_{\mathrm{r}x}(t) = p_{\mathrm{r}x}(0)\cos\omega t + p_{\mathrm{r}y}(0)\sin\omega t\,,$$

$$p_{\mathrm{r}y}(t) = -p_{\mathrm{r}x}(0)\sin\omega t + p_{\mathrm{r}y}(0)\cos\omega t\,.$$

Anfangsbedingungen:

$$\boldsymbol{p}_\mathrm{r}(0) = m\gamma\left(v_0, 0, 0\right)\,.$$

Dies ergibt:

$$\boldsymbol{p}_\mathrm{r}(t) = m\gamma v_0(\cos\omega t, -\sin\omega t, 0)\,.$$

$\boldsymbol{p}_\mathrm{r}^2(t) = \mathrm{const}$ ist offensichtlich gewährleistet.

3. Die Bahn erhalten wir aus

$$\begin{aligned} \boldsymbol{r}(t) - \boldsymbol{r}(t=0) &= \frac{1}{m\gamma}\int_0^t \mathrm{d}t'\,\boldsymbol{p}_\mathrm{r}(t') \\ &= \frac{v_0}{\omega}(\sin\omega t', \cos\omega t', 0)\Big|_0^t \\ \Rightarrow \boldsymbol{r}(t) &= (0, y_0, 0) + \gamma\frac{m v_0}{qB}\{(\sin\omega t, \cos\omega t, 0) - (0,1,0)\} \\ \Rightarrow \boldsymbol{r}(t) &= \gamma\frac{m v_0}{qB}(\sin\omega t, \cos\omega t, 0)\,. \end{aligned}$$

Lösung zu Aufgabe 2.5.17

1. Raumkomponenten des relativistischen Impulses:

$$\begin{aligned} \boldsymbol{p}_\mathrm{r} &= \gamma(v) m\boldsymbol{v}\,; \qquad \gamma(v) = \left(1 - \frac{v^2}{c^2}\right)^{-1/2}, \\ \dot{\boldsymbol{p}}_\mathrm{r} &= q\boldsymbol{E} \\ \Rightarrow \dot{p}_{\mathrm{r}x} &= qE\,; \quad \dot{p}_{\mathrm{r}y} = \dot{p}_{\mathrm{r}z} = 0\,. \end{aligned}$$

Mit den gegebenen Anfangsbedingungen folgt nach Integration:

$$\boldsymbol{p}_\mathrm{r}(t) = (qEt, \gamma_0 m v_0, 0)\;; \quad \gamma_0 = \left(1 - \frac{v_0^2}{c^2}\right)^{-1/2}.$$

Für die relativistische kinetische Energie gilt dann nach (2.63):

$$T_\mathrm{r}(t) = \sqrt{m^2c^4 + c^2 p_\mathrm{r}^2(t)} = \sqrt{m^2c^4 + c^2(q^2E^2t^2 + \gamma_0^2 m^2 v_0^2)}\,.$$

2. Man beachte, dass anders als im homogenen Magnetfeld (Aufgabe 2.5.16) im homogenen elektrischen Feld $v^2 = v^2(t)$. $\gamma(v)$ ist also keine Konstante. Nach (2.61) ist aber:

$$\begin{aligned} T_\mathrm{r} &= m\gamma(v)c^2 \\ \Rightarrow \boldsymbol{p}_\mathrm{r} &= \frac{T_\mathrm{r}}{c^2}\boldsymbol{v} \Leftrightarrow \boldsymbol{v} = \frac{c^2}{T_\mathrm{r}}\boldsymbol{p}_\mathrm{r}\,. \end{aligned}$$

Dies bedeutet im Einzelnen:

$$\dot{x}(t) = \frac{c^2\, q E t}{\sqrt{m^2 c^4 + c^2\left(q^2 E^2 t^2 + \gamma_0^2 m^2 v_0^2\right)}} = \frac{1}{qE}\frac{\mathrm{d}}{\mathrm{d}t} T_\mathrm{r}(t)\,,$$

$$\begin{aligned}
\dot{y}(t) &= \frac{c^2 \gamma_0 m v_0}{\sqrt{m^2 c^4 + c^2\left(q^2 E^2 t^2 + \gamma_0^2 m^2 v_0^2\right)}}\\
&= \frac{c^2 \gamma_0 m v_0}{\sqrt{c^2 q^2 E^2 t^2 + T_\mathrm{r}^2(0)}}\\
&= \frac{c^2 \gamma_0 m v_0}{T_\mathrm{r}(0)} \frac{1}{\sqrt{\left(\frac{cqEt}{T_\mathrm{r}(0)}\right)^2 + 1}}\\
&= \frac{c^2 \gamma_0 m v_0}{T_\mathrm{r}(0)} \left(\frac{\mathrm{d}}{\mathrm{d}x}\operatorname{arcsinh} x\right)_{x=\frac{cqEt}{T_\mathrm{r}(0)}}\\
&= \frac{c^2 \gamma_0 m v_0}{T_\mathrm{r}(0)} \frac{T_\mathrm{r}(0)}{cqE} \frac{\mathrm{d}}{\mathrm{d}t} \operatorname{arcsinh}\left(\frac{cqEt}{T_\mathrm{r}(0)}\right)\\
&= \frac{c\gamma_0 m v_0}{qE} \frac{\mathrm{d}}{\mathrm{d}t} \operatorname{arcsinh}\left(\frac{cqEt}{T_\mathrm{r}(0)}\right)
\end{aligned}$$

$$\dot{z}(t) = 0\,.$$

3. Man beachte die Anfangsbedingungen:

$$z(t) \equiv z_0\,,$$

$$y(t) = \frac{c\gamma_0 m v_0}{qE} \operatorname{arcsinh}\left[\frac{cqEt}{T_\mathrm{r}(0)}\right],$$

$$x(t) = \frac{1}{qE}\left(T_\mathrm{r}(t) - T_\mathrm{r}(0)\right),$$

$$T_\mathrm{r}(0) = \sqrt{m^2 c^4 + c^2 \gamma_0^2 m^2 v_0^2}\,.$$

Das Teilchen durchläuft die Raumkurve $x = x(y)$:

$$cqEt = T_\mathrm{r}(0) \sinh\left(\frac{yqE}{c\gamma_0 m v_0}\right),$$

$$\begin{aligned}
T_\mathrm{r}(t) &= \sqrt{T_\mathrm{r}^2(0) + c^2 q^2 E^2 t^2} = T_\mathrm{r}(0)\sqrt{1 + \sinh^2\left(\frac{qE}{c\gamma_0 m v_0} y\right)}\\
&= T_\mathrm{r}(0) \cosh\left(\frac{qE}{c\gamma_0 m v_0} y\right).
\end{aligned}$$

Daraus folgt:

$$x = \frac{T_r(0)}{qE}\left[\cosh\left(\frac{qE}{c\gamma_0 m v_0}y\right) - 1\right] = x(y)\,.$$

Lösung zu Aufgabe 2.5.18

1. Es gilt nach (2.59) und (2.54):

$$\frac{m(v)}{m(0)} = \frac{T_r(v)}{T_r(0)} = \gamma(v) = \frac{0{,}711}{0{,}511} = 1{,}391$$

$$\Rightarrow\; m(v) = 1{,}391\, m(0)\,.$$

2.

$$\gamma = \left(1-\beta^2\right)^{-(1/2)} \;\Leftrightarrow\; \beta = \sqrt{\frac{\gamma^2-1}{\gamma^2}} = 0{,}695$$

$$\Rightarrow\; v = 0{,}695\, c\,.$$

3.

$$v_{nr}^2 = \frac{2T}{m(0)} \;\Rightarrow\; \frac{v_{nr}^2}{c^2} = \frac{2T}{mc^2} = \frac{0{,}4}{0{,}511}$$

$$\Rightarrow\; v_{nr} = 0{,}885\, c\,.$$

Relativer Fehler:

$$\varepsilon = \frac{v_{nr}-v}{v}\,100 = 27{,}30\,\%\,.$$

Lösung zu Aufgabe 2.5.19

$$\begin{aligned} m:\ \textit{Masse}&: \quad \text{Lorentz-Invariante}\,,\\ E_0 = mc^2&: \quad \text{Ruheenergie}\,,\\ T_r = \frac{mc^2}{\sqrt{1-v^2/c^2}}&: \quad \text{kinetische Energie}\,,\\ T_r = \sqrt{c^2\boldsymbol{p}_r^2 + m^2c^4}&\,. \end{aligned}$$

Elastischer Stoß zweier gleicher Massen

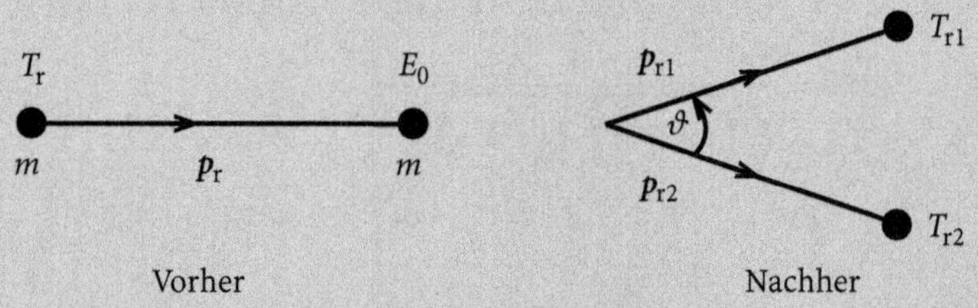

Abb. A.4

Ziel: Berechnung des Streuwinkels ϑ als Funktion von T_r und T_{r1} (nichtrelativistisch: $\vartheta = 90°$).

Impulssatz:

$$\boldsymbol{p}_r + \boldsymbol{0} = \boldsymbol{p}_{r1} + \boldsymbol{p}_{r2} .$$

Energiesatz:

$$T_r + E_0 = T_{r1} + T_{r2} ,$$

$$T_r^2 = c^2 p_r^2 + E_0^2 \quad \Rightarrow \quad p_{r1,2} = \frac{1}{c}\sqrt{T_{r1,2}^2 - E_0^2} ,$$

$$p_r^2 = p_{r1}^2 + p_{r2}^2 + 2\, p_{r1} p_{r2} \cos\vartheta ,$$

$$\frac{1}{c^2}\left(T_r^2 - E_0^2\right) = \frac{1}{c^2}\left(T_{r1}^2 + T_{r2}^2\right) - 2\frac{E_0^2}{c^2} + 2\, p_{r1} p_{r2} \cos\vartheta$$

$$\Rightarrow \quad \cos\vartheta = \frac{T_r^2 + E_0^2 - T_{r1}^2 - T_{r2}^2}{2\, p_{r1} p_{r2}\, c^2} .$$

T_{r2}, p_{r2} mit Erhaltungssätzen eliminieren:

$$T_{r2} = T_r + E_0 - T_{r1} ,$$

$$T_{r2}^2 = T_r^2 + E_0^2 + T_{r1}^2 + 2\, T_r E_0 - 2\, T_r T_{r1} - 2\, E_0 T_{r1}$$

$$\Rightarrow \quad T_r^2 + E_0^2 - T_{r1}^2 - T_{r2}^2 = -2\, T_{r1}^2 - 2\, T_r E_0 + 2\, T_r T_{r1} + 2\, E_0 T_{r1}$$

$$= 2\left(T_r - T_{r1}\right)\left(T_{r1} - E_0\right) .$$

$$p_{r2} = \frac{1}{c}\sqrt{T_{r2}^2 - E_0^2} = \frac{1}{c}\sqrt{\left(T_{r2} + E_0\right)\left(T_{r2} - E_0\right)}$$

$$= \frac{1}{c}\sqrt{\left(T_r - T_{r1}\right)\left(T_r + 2E_0 - T_{r1}\right)}$$

$$p_{r1} = \frac{1}{c}\sqrt{\left(T_{r1} + E_0\right)\left(T_{r1} - E_0\right)}$$

$$\Rightarrow \quad \cos\vartheta = \frac{(T_r - T_{r1})(T_{r1} - E_0)}{\sqrt{(T_{r1} + E_0)(T_{r1} - E_0)(T_r - T_{r1})(T_r + 2E_0 - T_{r1})}} ,$$

$$\cos\vartheta = \frac{1}{\sqrt{\left(1 + \frac{2E_0}{T_{r1} - E_0}\right)\left(1 + \frac{2E_0}{T_r - T_{r1}}\right)}} .$$

$$T_{r1,2} \ge E_0 : \qquad T_r \ge T_{r1} \quad \Rightarrow \quad \cos\vartheta < 1 \Rightarrow \vartheta_{min} < \vartheta \le 90^\circ .$$

a)

$$v \approx c \quad \Rightarrow \quad T_r, T_{r_1}, T_{r_2} \gg E_0 ,$$

$$T_r - T_{r_1} = T_{r_2} - E_0 \gg E_0$$

$$\cos\vartheta_{min} \to 1 ; \quad \vartheta_{min} \to 0^\circ .$$

b)

$$v \ll c \quad \Rightarrow \quad \frac{2E_0}{T_{r1} - E_0} \gg 1 ; \quad \frac{2E_0}{T_r - T_{r1}} \gg 1$$

$$\Rightarrow \quad \cos\vartheta \to 0 ; \quad \vartheta \to 90^\circ .$$

Es ergibt sich also das nicht-relativistische Resultat!

Lösung zu Aufgabe 2.5.20

1.

$$T_r = T + T_r(0) = 2\,T_r(0) \overset{(2.54)}{=} \gamma\, T_r(0) \quad \Rightarrow \quad \gamma = 2 .$$

Dies bedeutet:

$$\beta = \left(\frac{\gamma^2 - 1}{\gamma^2}\right)^{1/2} = \sqrt{\frac{3}{4}} = 0{,}866 .$$

Die Geschwindigkeit des π^+-Mesons beträgt somit:

$$v(\pi^+) = 0{,}866\,c = 2{,}598 \cdot 10^8\,\frac{\text{m}}{\text{s}} .$$

2. Zerfallszeit im Ruhesystem des Mesons:

$$\tau = 2{,}5 \cdot 10^{-8}\,\text{s} .$$

Zerfallszeit im Ruhesystem des Beobachters:

$$\tau' = \gamma\,\tau = 5 \cdot 10^{-8}\,\text{s} .$$

Zerfallsstrecke:

$$d = v\,\tau' = 12{,}990\,\text{m} .$$

Lösung zu Aufgabe 2.5.21

Energiesatz:

$$T_r(v) + T_r(0) = T_r(v_1) + T_r(v_2)$$
$$\Rightarrow \gamma(v) + 1 = \gamma(v_1) + \gamma(v_2) \ .$$

Impulssatz:

$$m\gamma\boldsymbol{v} = m\gamma(v_1)\boldsymbol{v}_1 + m\gamma(v_2)\boldsymbol{v}_2$$
$$\Rightarrow \gamma(v)\boldsymbol{\beta} = \gamma(v_1)\boldsymbol{\beta}_1 + \gamma(v_2)\boldsymbol{\beta}_2 \ .$$

Die letzte Gleichung in Komponenten zerlegt:

$$\gamma(v)\beta = \gamma(v_1)\beta_1\cos\vartheta + \gamma(v_2)\beta_2\cos\varphi \ ,$$
$$0 = \gamma(v_1)\beta_1\sin\vartheta - \gamma(v_2)\beta_2\sin\varphi \ ,$$
$$\gamma^2(v_2)\beta_2^2\left(\cos^2\varphi + \sin^2\varphi\right) = \gamma^2(v_1)\beta_1^2\sin^2\vartheta + \left(\gamma(v)\beta - \gamma(v_1)\beta_1\cos\vartheta\right)^2$$
$$\Rightarrow \gamma^2(v_2)\beta_2^2 = \gamma^2(v_1)\beta_1^2 + \gamma^2(v)\beta^2 - 2\gamma(v)\gamma(v_1)\beta\beta_1\cos\vartheta \ .$$

Die $\boldsymbol{\beta}$'s eliminieren wir durch die Beziehung:

$$\gamma(v_i)\beta_i = \sqrt{\gamma^2(v_i) - 1}$$
$$\Rightarrow \gamma^2(v_2) - 1 = \gamma^2(v_1) - 1 + \gamma^2(v) - 1 - 2\sqrt{\gamma^2(v) - 1}\sqrt{\gamma^2(v_1) - 1}\cos\vartheta \ .$$

Diese Gleichung kombinieren wir mit dem Energiesatz, um $\gamma(v_2)$ zu eliminieren:

$$\gamma(v_2) = \gamma(v) + 1 - \gamma(v_1)$$
$$\Rightarrow \gamma^2(v_2) = \gamma^2(v) + 1 + \gamma^2(v_1) + 2\gamma(v) - 2\gamma(v_1) - 2\gamma(v)\gamma(v_1) \ .$$

Dies setzen wir oben ein:

$$2\gamma(v) - 2\gamma(v_1) - 2\gamma(v)\gamma(v_1) = -2 - 2\sqrt{\gamma^2(v) - 1}\sqrt{\gamma^2(v_1) - 1}\cos\vartheta$$
$$\Rightarrow -2\left(\gamma(v_1) - 1\right)\left(\gamma(v) + 1\right) = -2\sqrt{\gamma^2(v) - 1}\sqrt{\gamma^2(v_1) - 1}\cos\vartheta$$
$$\Rightarrow \left(\gamma(v_1) - 1\right)\left(\gamma(v) + 1\right) = \left(\gamma(v) - 1\right)\left(\gamma(v_1) + 1\right)\cos^2\vartheta \ .$$

Das können wir nach $\gamma(v_1)$ auflösen:

$$\gamma(v_1) = \frac{\left(\gamma(v) + 1\right) + \left(\gamma(v) - 1\right)\cos^2\vartheta}{\left(\gamma(v) + 1\right) - \left(\gamma(v) - 1\right)\cos^2\vartheta} \ .$$

Mit der Abkürzung

$$\alpha^2 = \frac{\gamma(v) - 1}{\gamma(v) + 1}$$

bleibt dann zu lösen:

$$\gamma(v_1) = \frac{1 + \alpha^2 \cos^2 \vartheta}{1 - \alpha^2 \cos^2 \vartheta} \ .$$

Wir gehen nun zurück zum Impulssatz und dividieren die beiden Komponentengleichungen durcheinander:

$$\tan \varphi = \frac{\gamma(v_1)\,\beta_1 \sin \vartheta}{\gamma(v)\beta - \gamma(v_1)\,\beta_1 \cos \vartheta} \ .$$

Nun ist

$$\begin{aligned}\gamma(v_1)\,\beta_1 &= \sqrt{\gamma^2(v_1) - 1} = \sqrt{\frac{\left(1 + \alpha^2 \cos^2 \vartheta\right)^2}{\left(1 - \alpha^2 \cos^2 \vartheta\right)^2} - 1} \\ &= \frac{2\alpha \cos \vartheta}{1 - \alpha^2 \cos^2 \vartheta} \ .\end{aligned}$$

Andererseits gilt:

$$\gamma(v)\beta = \sqrt{\gamma^2(v) - 1} = \sqrt{(\gamma(v) + 1)\,(\gamma(v) - 1)} = \alpha\,(\gamma(v) + 1) \ .$$

Dies setzen wir in den Ausdruck für $\tan \varphi$ ein:

$$\begin{aligned}\tan \varphi &= \frac{\frac{2\alpha \cos \vartheta \sin \vartheta}{1 - \alpha^2 \cos^2 \vartheta}}{\alpha\,(\gamma(v) + 1) - \frac{2\alpha \cos^2 \vartheta}{1 - \alpha^2 \cos^2 \vartheta}} \\ &= \frac{2 \cos \vartheta \sin \vartheta}{(\gamma(v) + 1) - (\gamma(v) + 1)\ \alpha^2 \cos^2 \vartheta - 2 \cos^2 \vartheta} \\ &= \frac{2 \cos \vartheta \sin \vartheta}{\gamma(v)\,(1 - \cos^2 \vartheta) + (1 - \cos^2 \vartheta)} \\ &= \frac{2}{\gamma(v) + 1}\,\frac{\cos \vartheta \sin \vartheta}{1 - \cos^2 \vartheta} \ .\end{aligned}$$

Daraus folgt schließlich die Behauptung:

$$\tan \varphi \ \tan \vartheta = \frac{2}{\gamma(v) + 1} \ .$$

Im nicht-relativistischen Grenzfall $\gamma \to 1$ gilt:

$$\tan \varphi \ \tan \vartheta \to 1 \ .$$

Wegen

$$\tan(\varphi + \vartheta) = \frac{\tan\vartheta + \tan\varphi}{1 - \tan\varphi\tan\vartheta}$$

bedeutet dies

$$\tan(\varphi + \vartheta) \to \infty$$

und damit:

$$\varphi + \vartheta \to \frac{\pi}{2} \, .$$

Lösung zu Aufgabe 2.5.22

Energie des Elektrons:

$$T_\mathrm{r}^2 = c^2 p_\mathrm{r}^2 + m^2 c^4 = c^2 p_\mathrm{r}^2 + T_\mathrm{r}^2(0) \, .$$

Andererseits:

$$T_\mathrm{r} = T + T_\mathrm{r}(0) \, .$$

Kombiniert man diese beiden Gleichungen, so folgt:

$$T^2 + 2\,T\,T_\mathrm{r}(0) = c^2 p_\mathrm{r}^2 \, ,$$
$$T \longleftrightarrow 1\,\mathrm{MeV} \, ,$$
$$T_\mathrm{r}(0) \longleftrightarrow 0{,}511\,\mathrm{MeV}$$
$$\Rightarrow \; c^2 p_\mathrm{r}^2 = 2{,}022\,(\mathrm{MeV})^2 \;\Rightarrow\; c\,p_\mathrm{r} = 1{,}422\,\mathrm{MeV} \, .$$

Das Photon hat keine Ruhemasse:

$$T_\mathrm{r}(\gamma) = c\,p_\mathrm{r} = 1{,}422\,\mathrm{MeV} \, .$$

Sachverzeichnis